U0016544

超神閒談力

增強人際互動，簽約率成長2.5倍

中北朋宏 著

林詠純 譯

前言　消除毀滅性思維，擁有「讓人想要與你共事」的力量

心理學家阿德勒曾說過**「人類的所有煩惱，都是人際關係的煩惱」**。雖然我認為這句話說得有點誇張……

但毫無疑問，拿起這本書的「你」，想必正因為人際關係而困擾。

許多為人際關係所苦的人，往往都將注意力擺在「討厭自己的人」或「不合的人」身上，而非「喜歡自己的人」或「自己珍惜的人」，並且試圖耗費大把時間改善關係。

我將這種思考模式稱為**「毀滅性思維」**。

具有「毀滅性思維」的人，至少懷抱著下列任何一項困擾吧……

「害怕被他人討厭。」

「習慣察言觀色。」

「感覺無法展現真實自我。」

「人面雖廣，但能夠相信的人很少。」
「想要盡量避免參加聚會等團體活動。」
「有必須說話有趣的壓力。」
「遇到困難時，找不到可以幫忙或協助的人。」

如果你正因爲這些煩惱而心煩意亂，那麼我向你保證，只要閱讀這本《超神閒談力》，你就能「在談笑間」解決這些問題。

「普通的閒談力」與「超神閒談力」有什麼不同？

抱持著人際關係煩惱的人，就算盲目地閱讀溝通技巧書籍，或是增加與他人互動的機會，也完全無法解決煩惱。

這只會讓人將時間浪費在膚淺的對話上，增加與對自己人生沒有必要的人扯上關係的機會。

你是不是也用這句話開啓閒談呢？

普通閒談

今天好熱喔！
每天都覺得好厭世。

這樣的閒談只是在殺時間。或許也想藉此引起共鳴，但在當天或當場感到炎熱，對許多人來說都是理所當然的事情，也無法激發出什麼特別的共鳴。

那麼，加上這樣一句話如何呢？

超神閒談

今天好熱喔。
上午拜訪和貴公司同業的客戶……（繼續說下去）

這句話乍聽之下像是普通的閒聊，卻能間接地讓對方在無意間感受到「這位業務員似乎很受其他公司歡迎」。

此外，如果分享同業的動向，也能獲得信賴感，讓人覺得「這位業務員似乎掌握很多資訊」「似乎可以向這位業務員學到東西」。

一流的人或說話有趣的人，都能在無意識當中抱持著「引導對方思考」的意圖進行超神閒談。

除了跑業務的場合之外，包含職場溝通在內，日常生活中還有哪些超神閒談呢……

●在新進部門「鎖定自我介紹的目標」

普通閒談

我的興趣是看電影。

超神閒談

我的興趣是看電影。最喜歡的電影是《心靈點滴》。尤其某某場景讓我看得熱淚盈眶。

●想要給上司、前輩「言出必行」的印象

普通閒談

我買了您推薦的書。非常好看。

超神閒談

我讀了您推薦的書，
實踐了書中的內容之後，產生了這樣的變化！

●想要用「打動人心，而非直接的方式」向尊敬的對象表達心意

普通閒談

您之前說的話，讓我相當感動。

超神閒談

（用近乎聽不見的聲音，充滿感情地說）
您之前說的話，真的讓我很感動……

●在對方「爽快說出心裡話」時附和

普通閒談

真不愧是某某人，原來如此，您說的沒錯～。

超神閒談

（配合馬斯洛的需求層次理論）

太厲害了，真有趣！好特別的想法！

●身為主管「想為消沉的部下打氣」

普通閒談

你又失敗了嗎？

超神閒談

（用正面的言詞安慰）

我喜歡你創新的失敗切入方式。

各位或許會覺得這都是一些沒什麼大不了的簡單技巧，卻能帶來莫大的效果。具體來說，我在學會了「超神閒談力」之後，獲得了哪些成果呢……

①業務的簽約率提升了2.5倍
②進入毫無經驗的人力資源顧問公司，三年內成為業務冠軍
③建立了「中北軍團」，將公司的年輕員工離職率從80％降到0％
④在出社會六年後創業，雖然員工只有少數幾人，但仍然成為了經營者
⑤接到媒體採訪與上媒體的邀請，出版了三本書籍
⑥相較於還是個沒沒無聞的喜劇演員時代，年收達到104倍
⑦能夠與珍惜的人共度時光，幸福感大幅提升

不只人際關係改善，工作成果與年收入也增加，甚至還出現了幫助我的人，具有改變人生的效果。

如果說「普通閒談」只是「說些無關痛癢的話」，

那麼「超神閒談力」就是擁有**「讓人想要與你共事的力量」**。

培養「超神閒談力」的三個階段

光靠建立表面上的關係，不足以讓對方「想要與你共事」。

這是完全跨越建立關係三階段才能獲得的效果。換句話說，「超神閒談力」具有與眼前對象建立關係，並進一步將其深化的力量。

那麼，該怎麼做才能培養「超神閒談力」呢？首先必須理解建立關係的三個階段。

①開始關係：對這個人產生好印象
②持續關係：想更加深入了解這個人
③深耕關係：希望成為這個人的助力

建立關係就像這樣擁有三個階段與目的，只要在①～③階段培養相對應的能力，就能夠獲得「超神閒談力」。

首先，**第1～3章聚焦在「開始關係」的階段**。

與閒談不同的是，「超神閒談力」最重視初次見到對方的7秒鐘。

因為據說人在初次見面的7秒內就會決定對對方的印象。那麼，該如何在初次見面的短短幾秒鐘內，讓對方留下好印象呢？除了一對一的場合之外，在眾多不對盤的人存在的團體活動中，又該如何表現才好呢？還有該怎麼擊退那些在杯觥交錯的聚會場合中出現的「怪物」呢？

關於這些問題，將根據「笑聲的機制」進行解說。同時也會探討**「為什麼你的發言會冷場……」**這個悲傷的話題。

第4章則聚焦在「持續關係」。

相信也有不少人存在著這類煩惱，例如「一開始聊天很投機，後來卻無法深交」。

本章將介紹一些手法，幫助這些人讓曾經聊過天、見過面的對象覺得「更想要了解你」並主動與你交流。

首先讓我告訴各位一個重點，在這個階段最重要的是**「選擇深交的人」**，而不是「盡可能與各式各樣的人廣泛交流」。據說人類能夠往來的朋友人數是固定的。換句話說，必須對沒有必要往來的人進行斷捨離。

事實上，據說人類能夠結交的朋友數量是有限的。因此，我們需要學會「斷捨離」，避免將精力浪費在不必要的人身上。

第5章聚焦在「深耕關係」。

本章將完成建立關係的最後一個步驟。具體來說，本章將介紹建立關係的最終階段，也就是「超神閒談力」的目的——讓對方「想要成爲你的助力」的手法，用稍微商業一點的說法就是**「建立成就大事的真正人脈的方法」**。

只要能夠掌握這個方法，就能夠在「重視你的人」圍繞之下工作或生活，保證能讓你的人生產生一百八十度的轉變。

第6章聚焦在「持續行動」。

我們在第1～5章介紹了各種實用的技巧，而想要眞正掌握這些技巧，關鍵就在於「持續不懈地執行」。

任何人想必都遇過「持續行動的障礙」。

那麼該如何突破此一障礙，持續提升自己的溝通能力呢？本章將對此進行解說。

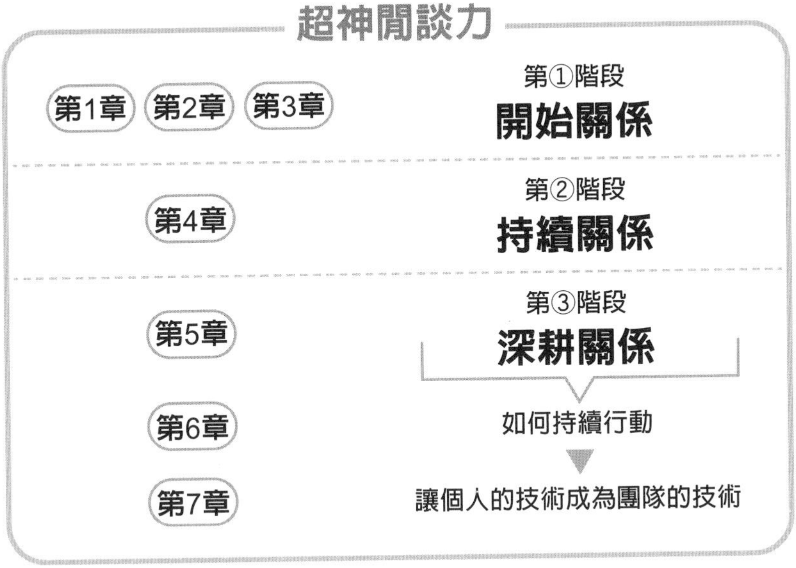

第7章則聚焦在「建立團隊」。

我們在第1～6章介紹了如何提升自己的溝通能力，以及如何改變自己的工作方式、環境與生活方式。

本書所傳授的「超神閒談力」，不僅能像這樣對自己產生影響，也能應用在建立團隊，並將影響擴及這個部分。

因此如果具有以下的煩惱或課題——「缺乏作爲上司的自信」「員工總是莫名其妙地辭職」「希望打造充滿凝聚力的團隊」，請務必閱讀本章。

我的願景是「讓世界變得比現在更有趣」

差不多該讓我簡單介紹一下自己。

我經營一家名爲「株式會社俺」的公司，這家公司有著自我主張強烈的名稱，願景是「讓世界變得比現在更有趣一點」。

「株式會社俺」經營什麼樣的事業呢？本公司有兩個事業群，分別是①**藉由搞笑力量改變組織的「喜劇溝通」，以及②支援喜劇演員轉行的「喜劇演員Next」**。（譯注：喜劇溝通（comedication），是株式會社俺結合喜劇（comedy）與溝通（communication）所創造出來的詞彙。）

本書除了介紹「超神閒談力」之外，也會毫不保留地分享我過去從事喜劇演員時，「從一流喜劇演員前輩身上學到的技巧」、從事人事顧問時「將公司離職率降爲零的方法」，以及身爲**「株式會社俺」**的經營者，**「與兩百六十家企業，超過2萬6千人合作完成的超神閒談力」**。

此外，本書也收錄了我在過去因爲關係建立錯誤所導致的許多挫敗經驗。

例如，在我從事喜劇演員時「與日本足球代表聚會卻出糗的故事」、在我成爲上班族後「對付職權騷擾的上司的故事」，以及身爲公司經營者「建立行動指針卻不適合自己的身體，導致咳到停不下來的故事」等，還有你讀了之後會覺得**「還能笑著生活而沒有心灰意冷真不容易」**的失敗經驗。

當你讀完本書後，絕對會產生勇氣，不再認爲「這是作者才會的技能」，而是覺得「既然這麼廢的作者能夠做到，或許我也可以嘗試一下」。

如果你能像窺探作者人生一樣閱讀本書，而且讀到笑出來，那就是我的榮幸。

那麼久等了。

接著就來消除讓你深陷於討厭自己的人當中的「毀滅性思維」，培養超神閒談力，讓周遭充滿了**「想要與你共事！」**的人吧！

第1章 見面7秒的印象將決定勝負 023

第2章

笑容是最強的武器

第4章

讓人想要再與你見面的超神閒談力

第5章

自然獲得周圍幫助的溝通術

第6章 了解自己的特色，輕鬆地持續行動

第7章 建立輕鬆、有心理安全感的團隊

第1章

見面7秒的印象將決定勝負

假設今天是你前往新公司報到的日子。

我想你一開始面臨的人際關係煩惱，應該就是「能否融入職場」「主管與前輩是否好相處」「是否有志同道合的同事」等。

換句話說，多數人的煩惱都是**「該如何開始建立人際關係？」**我想不曾為此煩惱的人，不是具備異常自信，就是不了解自己的蠢人，又或者是人見人愛的交際高手。

當然，懷抱著這種煩惱的「不是只有你」，很多人都一樣。

我因為職業特性的關係，經常在許多企業聽到「職場的人際關係令人煩惱」。但很多人都弄不清楚煩惱的是哪個階段，也想不出來該從哪裡著手解決，因此而感到困惑不已。

職場人際關係的三階段技能

首先希望各位了解的是，建立人際關係有三個階段。每個階段有不同的目的，需要的技巧也不一樣。

圖1 建立關係有三個階段

1	開始關係	（對方覺得） 對這個人產生好印象
2	持續關係	（對方覺得） 想更加深入了解這個人
3	深耕關係	（對方覺得） 希望成為這個人的助力

參考中原淳、小林祐兒、PERSOL綜合研究所著
《社會人的必修講義 轉職學 豐富人生的科學性職場行動》
（KADOKAWA，2021年4月）

①開始關係：對這個人產生好印象
②持續關係：想更加深入了解這個人
③深耕關係：希望成為這個人的助力

爲了讓①～③階段更易於理解，我以把對方當成主詞的觀點寫下目的，換句話說就是「該讓對方怎麼想才好」。像這樣把對方當主詞，列出目標，想必就能理解「①～③階段需要的技巧確實不一樣」。

本章將探討「①開始關係：對這個人產生好印象」，也就是需要哪些條件才能引起對方的興趣。基本上完全沒有艱澀的內容，我將提供你從閱讀的瞬間就能應用的技能。讀完後請立刻出去試試，把超商店員當成對象也可以，或者安排一場線上會議進行實踐。相信各位能夠實際感受到效果。

如果覺得開始關係的目的不是「對這個人產生好印象」，其他目的更加適合，替換成其他目的也無所謂（例如覺得這個人很有趣／想和這個人說話／這個人似乎不錯／這個人似乎值得信賴等）。如果閱讀時能夠設定適合自己的目的，更容易發揮效果。

首先介紹兩個絕對必學的理論。

重點

溝通存在著「該讓對方怎麼想才好」的目的。

【絕對必學】麥拉賓法則：輕鬆留下好印象

首先介紹第一個理論「麥拉賓法則」，我想很多人都聽過這個理論，但多數人都停留在表面上的理解，例如「外表很重要……」等，就停止思考，並未深入了解麥拉賓法則眞正的應用方法。

如果你只是停留在表面理解，希望今天能成爲你眞正理解麥拉賓法則的日子，這絕對會爲你帶來重大變化。

在開始關係的階段，這是絕對不容忽視的理論。

首先讓我們從一般的部分開始說明。麥拉賓法則指的是，當人們在判斷另一個人的印象時，會依照**「視覺資訊55%」「聽覺資訊38%」「言語資訊7%」**的比例進行判斷。換句話說，這個法則顯示，人們只根據視覺資訊，也就是依外表來判斷對他人的印象。大多數人對這個法則的理解僅止於此。

反過來說，如果人們在判斷他人時，100%根據「視覺、聽覺、言語」這三種資訊，那麼只要能夠控制這三種資訊，就能簡單操作自己給人的印象。

換言之，只要刻意呈現這三種訊息，就能輕鬆給人留下好印象。

「我知道，但就算你這麼說……」

我似乎可以聽到這樣的聲音。請放心，我將提供簡單易懂的具體範例。

以喜劇演員為例：奧黛麗的春日俊彰

- **視覺資訊：**粉紅色背心、七三分油頭、走路悠哉
- **聽覺資訊：**語調悠閒

圖2　印象的重要性

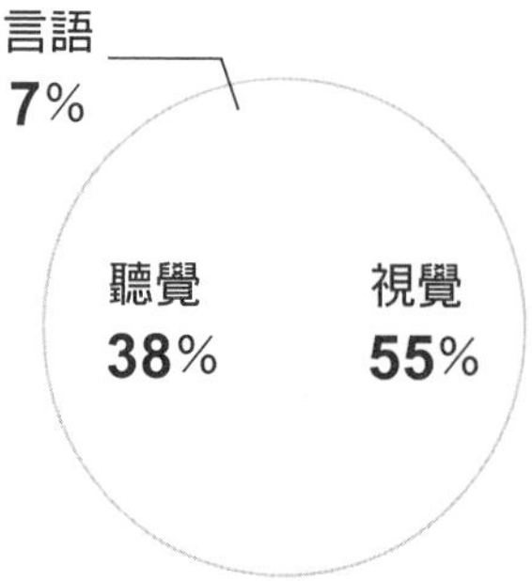

麥拉賓法則

- 第一印象在見面的數秒內決定
- 初次見面時，當言語、視覺、聽覺印象提供互相矛盾的資訊時，優先順序為視覺55%、聽覺38%、言語7%。

人們根據非常簡單的資訊「判斷另一個人」

- **言語資訊**：吃飯時會說「好ㄘ」，擁有數個一發技搞笑哏

以商業人士為例：某新創公司的創業社長

- **視覺資訊**：橘色夾克、領帶、手機殼、行李箱（使用企業識別色）
- **聽覺資訊**：聲音大、語調果決
- **言語資訊**：總是放眼未來，而非回顧過去，將「國家的未來」「自己的大願景」當成口頭禪

我從喜劇演員跳槽到商業界後，確定了一件事，那就是**「脫穎而出很容易」**。

即使我才能平庸，也能累積在六年內創業的能力。這是爲什麼呢？因爲我所遇見的商業人士，90%以上自我行銷意識都明顯低落。

圖3 包含的具體要素

視覺資訊	外表、表情、舉止、視線
聽覺資訊	聲音質感、講話速度、聲音大小、語調
言語資訊	言語本身的意義、說話的內容

自己刻意地呈現這些資訊並傳達給周圍
就能給予旁人理想中的印象

我原本置身於搞笑的世界，推銷自己與展現和別人的差異是理所當然的事，因此就我來看，這樣的現象只能用「可惜」來形容。

舉例來說，許多人沒有意識到「爲什麼要穿這個顏色的夾克、打這個顏色的領帶」「爲什麼要戴那支手錶？」「爲什麼要使用那樣的詞彙？」「爲什麼要用那樣的表情工作？」「爲什麼要住在那個地方？」等，在沒有任何意圖或故事的情況下度過每一天。而更糟糕的是，**甚至沒有發現自己已經讓他人留下不打算展現的印象**。

這麼說或許有點遺憾，但至今在你的人生中與你接觸過的大多數人，都只將你當成一般路人。

可見讓別人對自己留下印象的難度有多高。

請務必根據自己的目的來建立自己的人設。

現在很流行運用社群媒體建立個人品牌，如果你想要發聲，建議你務必打造人設。

就像這樣，如果將麥拉賓法則的所有要素全都設計過，所有一切都會串連起來，也能爲視覺資訊增添深度與厚度。而你也終於能夠**從被程式設計成只會重複同樣内容的路人，變成被周圍的人所認識的「你」**。

無法想像該怎麼做的人，如果覺得某位同事或喜劇演員「人設鮮明」，請根據這三方面的資訊分解其人設，這麼一來想必能夠看見人設鮮明的原因。

讀到這裡的讀者，應該會浮現一個問題。

那就是，雖然可以理解自我行銷的重要性，但與人互動時，這樣的行銷「必須維持多久呢？」當然，如果想要持續完整的自我行銷，最好維持一輩子。但老實說，剛開始因爲不習慣等，會覺得非常困難。第3章將介紹包含具體行動在内的設計方法。

重點

只要建立人設就能脫穎而出。

【絕對必學】初次印象：人在6～7秒就會做出判斷

第二個理論是初次印象。這個理論指的是，**人們在判斷另一個人的印象只需要6～7秒**。

而且這個判斷會持續半年。

很多人聽到這點或許會感到毛骨悚然。

「6秒就維持半年，不符合比例啊……」

其實我非常喜歡這個理論。原因很簡單，因爲它很容易實踐，CP值高得不得了。**只要在6～7秒內給人留下好印象，對方就會相信你半年**。換句話說，只要在見到一個人的那6～7秒裝一下，對方就會深信「這個人給人的印象很好」。即使是再不擅長溝通的人，也能夠忍耐個6～7秒吧？

不過，在實踐這個理論時有一件事必須注意，那就是「初次見面」存在好幾次。

確實，如果只是見個6～7秒，然後接下來的半年都不會見面，這個理論確實有效。但只要在公司上班，6～7秒後還是會在會議上見面，隔天也還是要上班。

某公司的新進員工，在第一天報到時帶著笑容打招呼，非常有活力，但從隔天開始，他誤以為初次印象將持續半年就不再打招呼了，給人的印象當然一落千丈。

如果要發揮其本來的效果，必須在「上班後的6～7秒」「會議開始的6～7秒」「下班前的6～7秒」等，**任何活動的最初6～7秒努力一下**。

重點

6～7秒的印象可以持續六個月。

不要想太多，總之先微笑

那麼，為了實現「①開始關係：對這個人產生好印象」，在這6～7秒內該如何與對方交流呢？

答案很簡單。

那就是「微笑」。

爲什麼我要特地強調這麼理所當然的事情呢？這當然是因爲**微笑有著莫大的效果**。《哈佛商業評論》指出，微笑不僅可以提升創造力、促進合作，還能提高分析的準確度與生產力。

山形大學的研究調查發現，**「常笑的人」與「不常笑的人」相比，死亡率差了2倍**。簡而言之，「不常笑的人比較容易死」，這眞是令人震驚……

諸如此類的研究結果多不勝數。

「微笑」不僅能夠改善自己的印象，還能影響周圍的表現。

除了自己要保持微笑之外，如果發現帶著笑容的人，請全力接近他，因爲這個人就是你的能量來源。

接著想要聊聊比較少被討論到的部分。反過來說，如果臉上沒有笑容，取而代之的是「冷漠」與「無禮」，會對職場與他人帶來什麼樣的影響呢？某項研究表明**「無禮的態度會增加成本」**。

近年來的研究發現，無禮將影響人的健康，具體來說就是會損害免疫系統，甚至可能帶來心血管疾病與癌症等。此外，遭受不合理對待的人，注意力、專注力與思考力都會顯著下滑，成為犯下錯誤的原因。再加上根據美國心理學會試算，**職場壓力對美國經濟造成的損失，一年高達5千億美元**。

我至今輔導過的公司中，那些年輕員工主體性低、離職率高的公司，主管階級的人很多都具有「雙手抱胸」「表情莫名不悅」「使用消極的語言」等特徵。換言之，年輕員工都逃跑了，他們做出了明智的判斷。

笑容的力量既可怕又不容小覷。但即使告訴大家笑容的重要性，心想「我也知道笑很重要」的人也很多吧？

內心這麼想的你，更是需要實踐。

事實上，**有意識地露出笑容的人，出乎意料地少**。正在閱讀這篇文章的你，請立刻用手機的相機拍攝自己的臉。我想你的表情應該可怕到連自己都想逃跑。

包含你在內，在公司裡面帶笑容工作的人又有多少呢？恐怕比想像的還要少。這代表如果沒有強烈意識，自己的表情就不會改變。

重點

冷漠和無禮是最糟糕的成本。

最好不要和不打招呼的人打交道

到目前爲止，我們已經介紹了在6～7秒露出「笑容」的重要性。但如果只是笑著站在那裡6～7秒都不說話，也只會造成反效果，讓人覺得「眞是個詭異的傢伙……」。這時該採取的行動當然就是打招呼了。

喜劇演員的世界非常重視「打招呼」。

舉例來說，演出前會去前輩的休息室「打招呼」等，對此展現高度意識。**如果有年輕藝人不懂得打招呼，不僅會被罵到臭頭，甚至可能遭到封殺**。

當然，在職場上不打招呼也有風險，可能會損及給予別人的印象，或者單純遭到厭惡，可說是百害無一利。勉強能夠想到的好處，頂多只有「省下了發出聲音的卡路里」。在風險如此之高的情況下還選擇「不打招呼」的人，眞的是愚昧或無知。

我之所以意識到打招呼的重要性，並不是因爲讀到什麼理論或效果，而是源自於某次與搞笑組合「NINETY-NINE」的矢部浩之一起喝酒的經驗。我當時25歲，也不紅，只不過應前輩之邀參加了矢部先生的聚會。當然，對我來說，矢部先生就像幻想中的生物，只存在於電視當中。

我在約好的餐廳與前輩們一起等待時，矢部先生戴著墨鏡走進包廂。在前輩的催促下，我站到矢部先生面前向他問好。我鞠躬說「我叫中北，請多多指教」，矢部先生竟然摘下墨鏡，用更深的鞠躬回應我「我是NINETY-NINE的矢部浩之」。我因爲太過緊張，搞不清楚現在是什麼狀況，脫口而出的竟然是「是的，我認識你」。

看到這樣一位衆所皆知的名人，竟然向我這樣一個沒沒無聞的藝人深深鞠躬問好，讓我下定決心「我也要像他這樣，無論對方是誰，這輩子都要好好打招呼」，而我至今依然實踐這個信條。

我的公司很重視早晨打招呼。

我們的員工各自在遠端工作，但**我們並非透過聊天軟體隨便在早上問聲好，而是為了激**

勵同事，一定會向大家打招呼。

舉例來說，我們不是只說一聲「早安，今天也要開心工作喔！」而是會確認彼此的行程，由我對員工說「杉山君，你一定能夠完成○○案子。請相信你在○○和○○累積的經驗！」或者員工也會對我說「中北先生，深夜加班辛苦了。您說今天是關鍵時刻，我也會全力以赴，一起加油吧！」等。我們會提出具體例子，激勵彼此，互相打氣。

那麼到此爲止，我雖然已經強調了打招呼的重要性，有些人還是覺得「打招呼太害羞了……」「每次都不知道該在什麼時候打招呼……」等，儘管非常有意願打招呼，卻因爲精神上的阻礙而怎麼樣也做不到。

像這樣敏感的你，可能會被歸類爲無禮的人而遭到誤解。爲了避免不必要的誤會，我推薦你一個方法。

那就是「**點頭致意**」。

我知道，敏感的你，連露出笑容都有困難。但是**不笑也沒關係**。

我知道，敏感的你，不敢看對方的眼睛。但是**不看對方的眼睛也無所謂**。

只要在進入對方視線範圍的那一瞬間**點頭致意即可**。訣竅就和「太鼓達人」一樣。只要抓住進入對方視線範圍的時機點頭致意。如果很難掌握時機，悄聲對自己說「點頭」也可以。

這個簡單的動作，不僅能夠大幅改變6～7秒的印象，還能避免不必要的誤會。

重點

如果不擅長打招呼就點頭致意，光是這樣就能大幅改變印象。

別人的成功法未必能一一套用

到此為止，我已經介紹了一些可以立即實踐的技巧，但遺憾的是，你讀了也不可能從此變得擅長溝通，人生也不會有什麼改變。絕對會像你過去讀到的那些成功人士所寫的溝通相關書籍或技巧一樣，被你忘得一乾二淨。

因爲成功人士在書籍中所分享的內容，即使你完全照做也無法產生效果，因爲你與成功人士之間存在著兩個重大的差異。

第一，你的「現狀」與成功人士的「現狀」不同。
第二，你的「目的」與成功人士的「目的」不同。

接著就讓我們來探討第一個差異「現狀」。

我自己也將溝通相關書籍讀得滾瓜爛熟，我想或許也有幾本被我遺忘在書架上。

這些書籍中充斥著如下的內容：

・原本以爲寫的是**「我是個糟糕透頂的人……」**，結果仔細一看作者的經歷，上面寫著一流大學畢業，曾任職於一流企業。說實話，到底哪裡糟糕了……

・原本以爲寫的是**「我雖然沒什麼長處……」**，但大頭照卻帥氣逼人。說實話，就算不露出笑容都能給人好印象……

・原本以爲寫的是**「我不擅長溝通……」**，結果介紹的都是一些樂觀主義的故事。說實話，這不就只是在職場上愛抱怨嗎……

唉唉，像我這種資質平庸的人，現狀與對方差太多了……好幾次都因爲這樣感到沮喪。

可想而知，像這種與現狀差距甚大的時候，即使你採取了與書籍作者相同的行動，也很難產生效果。

在不了解自己現狀的情況下，盲目實踐溝通技巧，會導致對方怎麼想呢？舉例來說，可能會引發下列這些問題。

．現狀：「看起來認真嚴肅」的你，「想要逗對方發笑」

結果：對方覺得「你是怎麼搞的」，甚至產生不信任感。

．現狀：「看起來冷靜沉著」的你，「在人多的場合最吵鬧」

結果：對方覺得「你平常是不是很壓抑」而感到害怕。

．現狀：「看起來仔細周到」的你，「大而化之的應對」

結果：對方覺得「你表裡不一，難以信任」

之所以會產生這些落差，最主要的問題就是**缺乏自我認知**。換句話說，你「不知道」也「沒有意識到」別人是怎麼看待你。

重點

讀了書也沒有效果，是因為你的自我認知有偏差。

你完全不了解自己

那麼，該如何認識自己呢？我用簡單易懂的圖4進行解說。

各位聽過「周哈里窗」嗎？自我認知中最重要的就是「自己沒有發現」但「別人都知道」的自己，也就是圖中右上方的「盲目我之窗」。簡單解釋，這就是周圍的人都知道，自己卻沒有被特別指出來的部分，就像是「穿著新衣的國王」一樣。而打開「盲目我之窗」，移動到「開放我之窗」的方法只有一個，那就是獲得他人回饋的意見。

在此有一個幫助你更加深入了解現狀的問題。

「周圍有多少人能夠將發自內心的意見告訴你呢？」

圖4　周哈里窗

	自己知道	自己沒有察覺
別人知道	**開放我之窗** 自己與他人 都知道的自己	**盲目我之窗** 雖然自己沒有發現， 但別人都知道的自己
別人沒有察覺	**隱藏我之窗** 自己知道， 但別人沒有發現的自己	**未知我之窗** 誰都不知道的自己

透過回答所知的傾向，可分成三種模式進行說明。

・回答3～5人的人：這群人無論在職場還是家庭，都能與周圍建立適當的信任關係。雖然只是推測，但他們**「盲目我之窗」**的部分通常較少，更能客觀地看待自己。

・回答10人以上：先不論這群人是否散發讓周遭的人容易表達意見的氛圍，**他們可能比自己想像的更不擅長工作**。因此他們只是單純地被小看。修正自我認知也很重要，請專心投入眼前的工作吧！並且立刻篩選那些原以爲是朋友卻看輕自己的外人吧！

・回答0人：這群人可能散發不易接受批評的氛圍，或者偏向於主動切斷與周遭的人建立信賴關係的可能性。因此周遭與自我的認知很可能存在著偏差。比起獲得周遭回饋的意見，請先從打開「周哈里窗」的**「隱藏我之窗」**，向他人揭露自我開始。

當然，隨著職位升高和年齡增長，能夠回饋意見的人數往往會愈來愈少。這麼一來，自我認知必定會在不知不覺中出現偏差。建議**定期製造獲得意見回饋的機會，就像汽車定期檢驗一樣**。

我的公司也一樣，當我在會議上提出點子而沒人反對時，我就會提醒我的團隊成員：「你們把社長當成穿著新衣的國王，沒問題嗎？」「再這樣下去，社長會太驕傲喔！」

附帶一提，像這樣討論自我認知與帶給別人的印象時，也有人認爲刻意營造印象反差的效果很好。但結論是，這麼做完全沒有意義。

印象反差具體來說就像是……

・**看似吊兒郎當**：一定遵守時間→讓人覺得認眞踏實
・**看似工作能力不佳**：回覆郵件等的速度很快→讓人覺得工作能力強

・看似不愛乾淨：襯衫燙得筆挺，或是勤於噴酒精→讓人覺得出乎意料愛乾淨

但這樣的反差毫無意義。因爲**刻意讓別人先對自己產生負面印象，一點意義也沒有**。即使後來再透過反差扭轉印象，也只是從負面稍微加分而已，老實說完全白費功夫。

討論人緣好的人有哪些特質的論文提到，這些人的共通點都是**「行為具有一致性」「不做作」「很好懂」**。換句話說，當反差出現時，就代表行爲不具一致性、很難懂，給人的印象馬馬虎虎。

重點

營造反差毫無意義。

你「無法改變」的根本原因

接著針對第二點，你的「目的」與成功者的「目的」不同進行詳細解說。

那些出版溝通相關書籍的成功者，99％以上是經營者，也是溝通能手，這是不爭的事實。

而這些成功者實踐溝通術的目的，最常見的理由就是「提高公司營收」。換句話說，**無論是日常對話、外在形象還是使用的語言，全都是為了達成「提高公司營收」這個目的所建構出來的**。

由於這些書籍所傳授的技巧都是爲了上述目的，因此不擅長溝通的人即使讀了依然感到困惑：「我的煩惱是不知道該如何與人相處啊」「日常生活的普通對話到底該如何進行才好？」

即使勉強自己實踐也不會順利，最壞的情況甚至會**因為太過不適合自己的個性或人格而在公司廁所暗自哭泣**。

如同先前所說的，人們爲什麼會心懷感恩地閱讀「與自己目的相左的書籍」「其實對自己毫無意義的書籍」呢？因爲人們試圖從成功者的言行中找出意義。

例如，據說史蒂夫．賈伯斯只穿同樣的衣服，因爲他認爲一天當中可以下決定的次數是有限的，不希望浪費在決定衣服上。但史蒂夫．賈伯斯的眞實想法或許只是怕麻煩，甚至有可能是他在接受訪問時，爲了裝模作樣偶然脫口而出的話被過度解讀並流傳開來。說不定最驚訝的反倒是他自己，儘管實際上擁有許多不同的衣服，但因爲謠言流傳之廣超乎想像，只好爲了貼近事實而丟棄。

人們就像這樣，**總是懷疑成功必定存在著祕訣，並自行尋找可以接受的理由**。

那麼，爲什麼我現在說明的是「眞心話」溝通，而非「場面話」溝通呢？因爲我原本是個非常不擅長溝通的人。

我這麼說，可能會被罵「喂喂，你這個前喜劇演員竟然說自己不擅長溝通，是在耍我嗎？」接著就介紹一些小故事，來看看我的溝通能力到底有多差。

①**小學時期**：我以爲別人的祕密是「可以逗人發笑的故事」而到處亂說，結果失去了好朋友。

②**中學時期**：我不擅長在人前發言，一站在人前就滿臉通紅，腦袋空白。

③**高中時期**：總是說人壞話、取笑別人，和朋友一起玩的時候，因爲擔心朋友在自己離開之後說自己壞話而怕得不敢回家。

④**現在身為經營者**：坐在新幹線三排座位的靠窗位置時，如果走道旁坐著別人，就會因爲懶得跟別人搭話而無法去洗手間。

這些小故事就算客觀來看，都不禁讓人擔心「這個人沒問題嗎……」。

附帶一提，說到最近發生的事，我曾為公司制定了行動方針「讓接觸過的人全部成為粉絲」，由於是重要的行動方針，我請書法老師把這幾個字寫下來，裱在金色的框裡掛在公司。

但這個行動方針似乎太不適合我，我和員工一起實踐了兩個星期後，因為累積壓力導致咳嗽不止，把身體都弄垮了。當然，這個行動方針最後被我連著框一起丟棄了。

重點

要意識到成功者的目的與自己的目的不同。

大多數人對你來說並不重要，所以不要勉強自己

像我這樣拙於溝通且不斷煩惱的人，最後想到一個面對溝通的基本觀念。我想你也隱約

意識到了，但覺得擁有這樣的想法本身很邪惡的人或許也不少。

這個觀念就是**「人生中遇到的大部分人，對自己來說可有可無」**，理解這個事實很重要，當你理解之後，心裡就會變得非常踏實。

爲了理解這個事實，必須重新回顧自己的人生。

那些學生時期「班上的中心人物」「經營表面關係的對象」「被討厭就糟糕的對象」等，在你現在的人生中是什麼重要人物嗎？你恐怕連他們的名字與長相都想不起來吧。

公司裡「必須觀察臉色的麻煩上司」「因爲小事就生氣的前輩」或許在目前的情況下很重要，然而當你調到其他部門或換工作後，或許就不需要再記住他們了。

我自己在剛創業時會積極參加交流會等，希望多少能爲營收帶來貢獻而見了許多人。但參加後既沒有增加營收，也沒有獲得能夠增加營收的人脈，得到的只有稱之爲名片的「單純紙片」而已。

當你閱讀本章並稍微回顧自己的人生時，腦中或許也會浮現幾個「讓人掛心煩悶」的姓名與臉孔，有些人或許也同時湧現對這些人的負面情緒。但我要明確地告訴你，**那些人對你的人生而言並不重要**。

透過這樣的回顧，我想你就能明確理解什麼是「對自己來說可有可無的人」。

接下來是重點。

爲什麼必須察顏觀色或經營表面關係呢？因爲任何人都會擔心**「被討厭該怎麼辦……」「別人覺得我無聊該怎麼辦……」「造成他人困擾該怎麼辦……」**等，因爲害怕自己蒙受不利而在意周圍眼光，承受不能破壞團體氣氛的同儕壓力，進而產生極端恐懼。

這種恐懼所帶來的行動最棘手，會把自己的人生推向不幸。

具體來說，**大多數人都被「討厭你的人」「不合的人」奪去注意力，把時間花在試圖改善與他們的關係**，而非把時間花在「喜歡你的人」或「你珍惜的人」身上。我稱這樣的思維爲「毀滅性思維」，這種思維會使我們主動選擇不幸的人生，並將自己推向毀滅。

原本應該把時間花在「喜歡你的人」或「支持你的人」身上，如此一來心靈也會更加富足，在職場更能讓工作得心應手，甚至有助於晉升。

但是，「討厭你的人」或「不合的人」的發言與態度，你更容易深深刻畫在記憶和心裡，因此「雖然討厭，但能不能和他好好相處呢……」或是「該怎麼做才能打好關係……」之類無謂思考占據了意識、行動與時間，導致心靈疲憊不堪，最糟糕的情況**甚至將引起精神**

崩潰。

我們就像這樣，在不知不覺中陷入「毀滅性思維」。這眞的很愚蠢，應該立即停止。

話雖如此，「雖然我知道該立即停止，但在公司裡無論如何都必須與對方打交道……」也是有可能的。如果是這種情形，請拋棄所有閒聊等與業務無關的溝通，只談論必要的事情。你不需要把時間花在對人生來說可有可無的人身上，甚至因此而煩惱。

重點
不能陷入把時間與意識花在無謂事情上的「毀滅性思維」。

隨便對待討厭你的人也沒關係

機會難得，稍微分享一下我的故事吧！

我也曾經因爲把時間花在隨便對待自己的人，也就是「不合的人」身上而煩惱。但是我發現一件事：我雖然「害怕被對方討厭」，但是也「有權利討厭對方」。

從發現這點的那天起，我就不再對與自己不合的A做以下三件事情。

①裝出笑臉：我不再爲了和氣而裝出笑臉，反之，A用什麼表情對我，我就用什麼表情對他。

②聊工作以外的閒事：我不再聊工作上非必要的事情，而是直接說重點，做出結論後就立刻離開。

③應付回饋的意見：我以前會把A回饋的意見筆記下來，但現在完全不這麼做，只說「謝謝」，不管他說什麼，我都只回應「謝謝」，讓他的意見左耳進右耳出。

我停止做這三件事情後，不合的A出現了兩個階段的變化。

首先第一階段的變化是，當我回答「謝謝」時，A開始追問我：「你有在聽嗎？」但我依然只回答「謝謝」。A一副煩躁的樣子，但我完全無視地繼續原本的作法，因爲**我也「有權利討厭A」**。

接著出現了第二階段的變化。A以前從未看過我的臉色，但他開始問我「你心情不好嗎？」「我做了什麼嗎？」在意我狀況的話語增加了。

後來過了一段時間，其實我與A現在變成了非常要好的商業夥伴……才怪，這種像在騙人的事情沒有發生，我們的關係雖然會恢復到會閒聊的程度，但現在已經完全疏遠。

人際關係就是如此。

你不需要將寶貴的人生浪費在這些人身上，真的沒必要。**請珍惜那些對你來說重要的人，也就是你的至親好友**。這麼做絕對能夠減輕職場人際關係帶來的憂鬱，心情也能明顯輕鬆起來。當然，你不需要主動去隨便對待別人，請意識到這是別人先這麼做的。

尤其對方的惡意將會大幅鈍化你的思考，使你奔向更深入的「毀滅性思維」。

如果你現在感受到別人的惡意，覺得「與那個人打交道好痛苦……」，請先休息放鬆一下。

接著進行回顧，整理思緒，試著調整對方在你心裡的印象，告訴自己「那個人對自己來說可有可無」。

你一定會感到輕鬆許多。

重點

不需要與所有的人都打好關係。

第1章總結

1 工作上的人際關係只有【開始關係】【持續關係】【深耕關係】這3個階段

2 只要精心設計外表、聲音、說話的內容這3項要素，就能給人好印象。

3 見面6～7秒的印象會持續半年。

4 笑容在職場上有莫大的效果。反之，冷漠無禮將會增加成本。

5 普通地打招呼很重要。不擅長打招呼的人務必點頭致意。

6 如果自我認知有偏差，就很難提升溝通能力。

7 詢問旁人對自己的印象。如果沒有可以問的人，就從揭露自己開始。

8 不需要與所有的人都打好關係，隨便地對待討厭你的人也沒關係。

第2章

笑容是最強的武器

正如第1章所提到的，要建立人際關係，首先必須「①開始關係：對這個人產生好印象」。

而達到這個目的的第一步驟就是運用初次印象，掌握最初7秒鐘。但即使在最初7秒給人好印象，**如果7秒之後沉默不語，魔法也會立即解除**，對方只會覺得「這個人是怎麼回事……」。如果魔法這麼快就失效，灰姑娘連穿上玻璃鞋的時間也沒有，因此需要開始關係的對話技巧。

附帶一提，在此想要特別強調的是，我曾經是個喜劇演員，後來在顧問業界取得業績第一名的佳績，出社會六年後創業，接受過多家媒體採訪，出版的書籍寫下暢銷紀錄，公司經營了六年而且還雇用員工，我深信這一切都要歸功於「超神閒談力」。雖然我自己也因爲設定過高的門檻而害怕到雙手發抖……總之我們進入正題吧！

在介紹開始關係的對話技巧之前，有一件事想請大家立刻戒掉。

那就是「普通的閒談」。

一般認爲，爲了獲取信任，最好聊點無關緊要的事，例如天氣或新聞等，但這完全是在浪費時間，所以請立刻戒掉。

重點

從現在起，不要再聊天氣或新聞等普通的閒談。

喜歡一個人，有四個重要因素

無論多少漫無目的的閒談，對於獲取信任都毫無意義。獲取信任其實存在著四個重要因素，請各位必須理解這點。如果不清楚這四個因素，只是漫無目的地打發時間，填補尷尬的氣氛，那就是完全沒有必要的對話。

老實說，我既不喜歡閒談，也不喜歡聽別人閒談。因爲漫無「目的」的對話只會讓我感到浪費時間，我甚至覺得那些**說話漫無目的的人是時間小偷**。

在此想要澄清一件事，我認爲存在著目的的閒談是有必要的。舉例來說，如果存在著破

圖5　人在人際關係中會喜歡什麼樣的他人

	人際魅力的因素	人際魅力的詳情	株式會社俺獲取好感的行動範例
1	**熟悉感**	對這個人有多了解	‧揭露自己，讓別人了解自己 ‧主動了解對方
2	**同類感**	價值觀與經驗是否相似	‧主動尋找是否有相似處 ‧共同擁有許多經驗／機會
3	**積極感**	當對方表現出善意時，你也會對他產生好感	‧對他人展現好感以建立關係
4	**主角感**	外表經過整頓	‧自我策畫以展現魅力

參考潮村公弘、福島治編著《社會心理學概論》（北大路書房，2007年2月）

冰等**「緩和氣氛」**的目的，閒談就有意義。稍後也會介紹有效的破冰術。

那麼，具體來說存在著哪四個重要因素呢？接下來將使用圖5進行介紹。

圖5是我整理的資料，我將**「在人際關係中喜歡什麼樣的他人」**整理成四個重要因素，並加上爲了獲得這四個因素所必須採取的「獲取好感的行動」。

本章將具體從①～④介紹「①開始關係：對這個人產生好印象」所需要的話術。

除了從「①熟悉感」開始，依序介紹即效性高的技巧外，也會介紹適合想搞笑的人的技巧。最後，在「④主角感」部分，將作爲第1章介紹的自我策畫完結篇，根據深入淺出的彙整表介紹自己所策畫的形象「該採取什麼樣的言行舉止」。敬請期待。

那麼首先就深入探討「①熟悉感」吧！

「熟悉感」最重要的是**「對於這個人有多了解」**。換句話說，人際關係是互相的，因此我們必須將其分解成兩個部分思考。首先第一個部分是必須「讓對方了解自己」，同時也需要第二個部分「了解對方」。

接下來將針對這兩個部分介紹即效性高的技巧。

重點

一個人喜歡另一個人的重要因素不多，只有四個。

你的自我揭露可能會有點噁心

首先第一點，爲了「讓對方了解自己」，只有一個方法，那就是自我揭露，也就是必須把自己的事情告訴對方。

圖6　配合對方調整自我揭露的程度

請想像與初次見面的人的對話

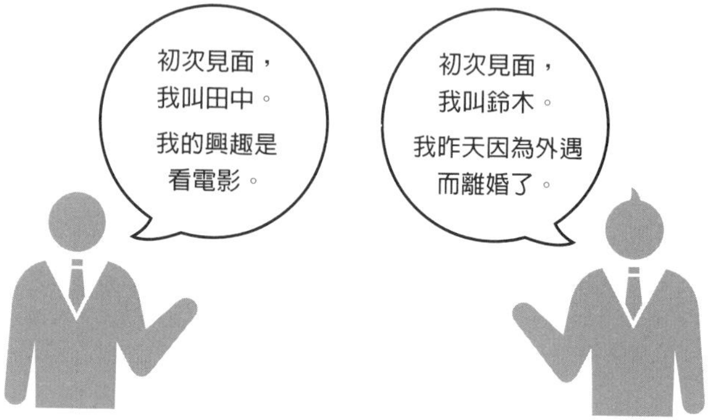
初次見面，
我叫田中。
我的興趣是
看電影。
初次見面，
我叫鈴木。
我昨天因為外遇
而離婚了。

但在揭露自己時有一點必須注意，那就是**必須配合對方調整自我揭露的程度**。事實上，自我揭露存在著不同的程度，如果彼此揭露的程度不一致，經常會使對方感到困惑或不舒服。

接著介紹自我揭露程度有落差的具體對話範例。爲了方便想像，我以職場的自我介紹爲例。

田中與鈴木在圖6中爲了開始關係而展開對話。田中在自我介紹中說**「初次見面，我叫田中。我的興趣是看電影」**，他揭露自己的興趣。對於這樣的自我介紹，鈴木揭露的則是**「初次見面，我叫鈴木。我昨天因為外遇而離婚了」**，這是通常不會在初次對話中談論的事情。

那麼問題來了。

田中對於鈴木的反應會是什麼呢？

如果我站在田中的立場，應該會覺得**「這個人好像有點噁心……」**。換句話說，自我揭露固然重要，但也必須根據對方的揭露程度進行調整。

重點

自我揭露的程度如果與對方有落差，只會被視為怪人。

不擅長說話的人，可透過讓別人主動搭話來自我介紹

順帶一提，我有一項自我介紹的技巧，可以提供給那些怕生、不擅長主動與人交談的人。其實我也是個非常怕生的人，因此很清楚這些人的感受。

附帶一提，我也寫過兩本關於「笑容」與「溝通」的書籍，因此常有初次見面的人多嘴地對我說**「我原本以為你是個更加笑容滿面、爽朗的人」**，真的很煩！

即使是不那麼爽朗的我，也經常運用這樣的實踐案例，因此請安心使用。

你可能在學校或公司聽過無數次的自我介紹，但有哪次留在你的記憶裡呢……即使模模糊糊記得一些，也應該沒有完全記住的吧！

儘管自我介紹本來的目的是爲了讓人記得自己，但**大部分的自我介紹卻沒有任何目的，已經成了「只是發出聲音的狀態」**。

若是如此，眞的只發出「啊——」聲音的人，反而還讓人更有印象。

正因爲這種印象薄弱的自我介紹被大量使用，沒有其他競爭者，要脫穎而出非常簡單。

如果你本來就很怕生，不擅長主動與人交談，那麼就需要構思一種可以讓別人主動搭話的自我介紹。爲此，請在自我介紹時花心思縮小範圍。我將提供一個可以立即使用的自我介紹格式。

具體來說，我們以前面提到的田中的自我介紹爲例進行解說。

田中的自我介紹是「初次見面，我叫田中。我的興趣是看電影」，在自我介紹中揭露自己的興趣。

這樣的自我介紹**稱不上縮小範圍**。

因爲即使聽到興趣是電影，對方也只會覺得「這樣啊～」，聽過就忘。因爲如果被問到喜歡還是討厭「電影」，超過半數的人都還算喜歡。同理，「閱讀」「音樂」「運動」等也

圖7 縮小範圍的自我介紹

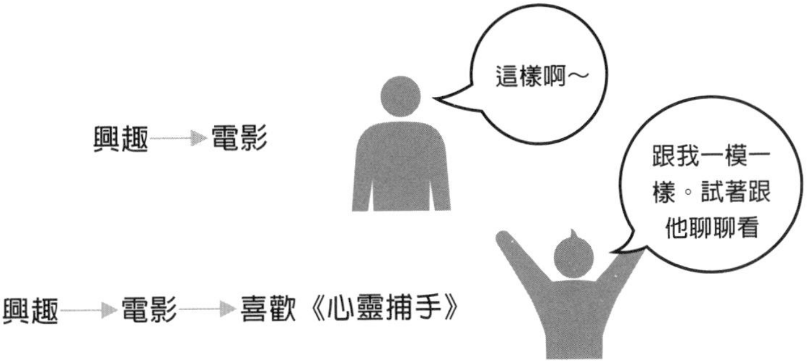

透過盡量具體的內容
提供別人容易搭話的話題

會陷入相同的狀態。

爲了讓對方特地主動與你交談，需要獲得「②同類感」。換句話說，必須從電影這種普遍的興趣中，再稍微進一步揭露自己的價值觀。

例如「喜歡哪部電影」「喜歡哪本書或哪位作者」「喜歡哪位藝術家」「喜歡什麼運動或參與過什麼運動」等，透過揭露自己的價值觀，明確縮小範圍。

具體的例子是：

我喜歡電影。最喜歡羅賓·威廉斯主演的《心靈捕手》。

如果對方喜歡的電影和我完全相同，就很可能會跟我搭話。就算喜好一致的人並未主動交談，開始關係的對話還是可以更順利地進行。但需要注意的是，不要因爲太過喜歡而滔滔不絕地說太多，例如「《心靈捕手》中證明笑聲對疾病有幫助的是某某場景，在這個場景中……」等。**這麼做可能會因為自我揭露程度過高而讓對方覺得「這人有點可怕……」**。

由此可知，爲了「讓對方了解自己」，自我介紹必須縮小範圍而非只是普遍內容。如此一來，你的自我介紹絕對能夠從原本「只是發出聲音的狀態」，轉變爲能夠打中價值觀相近、志趣相投的夥伴。

重點

鎖定自我介紹的目標，別人更容易找你搭話。

開啓關係，通常從「發問」開始

關於第二個部分「了解對方」有兩個方法。那就是**「發問」與「觀察」，這兩個方法同時並行**。初次見面的人在開始關係進行破冰時，很多人會預設自己「必須說點什麼」，這是難免的。實際上，「發問」以了解對方，同時「揭露自己」，在心情上遠遠更加輕鬆，關係也更容易開始。

爲了透過發問來獲得「①熟悉感」，必須詳細問出對方的資訊，並且「觀察」對方的回答。觀察讓對方**「熱情回答的問題」以及「什麼樣的回答占多數」**等，從表面部分解讀對方的價值觀與經驗，也就是尋求「②同類感」，從而探索對方的傾向。

那麼具體來說，什麼樣的問題比較好呢？請想像初次見面時開始關係的場合。例如，在職場上可能是「在現場被分配到的部門」「轉行後的第一個辦公室」「商談」「與其他部門的會議」「跨業種交流會」「同期同事的首次聚會」等。至於私人場合也有很多，例如「相親」「聯誼」等。

在此，我們以上司與被分配到現場的新人進行面談的場合爲例來說明，並在圖8中將開始關係的方式分爲三個步驟。

首先第一步從「詢問事實資訊」開始，具體來說就是詢問「分配到這個部門後感覺如何」等事實。接著是第二步，**對這個回答「表示理解」，並透過「自我揭露」讓對方了解自己**。而後進入到第三步「觸及價值觀的問題」。

圖8　開始關係三個步驟

必須注意的是，如果只是單方面不斷地發問，會讓對話變得像是面試，所以也請配合對方自我揭露的程度，適度揭露自己的資訊。

接著簡單介紹整體對話流程。

步驟1：**詢問事實資訊**

上司：「分配到這個部門後感覺如何？」

A：「雖然還有點緊張，但很期待工作。」

步驟2：**表示理解並自我揭露**

上司：「我懂，我被分配到這個部門是十年前，當時真的很緊張呢！你可以放輕鬆一點。」

A：「謝謝，我會努力讓自己放鬆的。」

步驟3：觸及價值觀的問題

上司：「附帶一問，你有什麼特別期待的事情嗎？」

A：「我期待能學會新技能。」

透過這三個步驟，可以在「觀察」對方的同時，順利開始關係。至於「觀察」的重點則是價值觀與「真心話」及「場面話」。**絕大多數的人都會無意識地採取「討喜戰略」，因此會說出對方可能想聽的話**。

以這段對話爲例，就是「雖然還有點緊張，但很期待工作」以及「我期待能學會新技能」的部分。請觀察對方的表情、眼神和語調等，分辨**這是「真心話」還是「場面話」**，並且不斷地將A的價值觀與特徵儲存進自己的腦海裡。

至於具體的觀察法，將在第5章深耕關係的方法中介紹。

而開始關係的場合與彼此的關係性，當然會影響談話的內容。

例如在「吸菸區」或「聚會」等場合，若彼此的關係不是上司與部下而是「同事」，更適合聊「興趣」或「出身地」等輕鬆一點的話題。

在稍微輕鬆一點的場合**經常使用卻最無聊的問題，就是「我看起來像幾歲？」只有這個**

問題毫無用處，請將其捨棄。

如果不幸被問到這個地獄問題，建議乾脆裝傻並轉移話題「雖然我也很好奇你幾歲，但先不管這個，你肚子餓了嗎？」因爲，無論是誠實回答、故意答錯，還是說出正確答案，都會讓氣氛變得尷尬……

重點

自然而然地提出觸及對方價值觀的問題。

對話如果出錯，也能輕易補救

即使打算學習溝通技巧，最後仍有可能因爲「被討厭該怎麼辦……」「被認爲不有趣該怎麼辦……」等**精神上的阻礙，導致動彈不得僵在原地**。

看到這裡的讀者，有些人聽到初次見面的效果也會感到棘手或恐懼吧？覺得「在這7秒失敗就沒救了」「我知道揭露自己很重要，但就是不擅長」等。

圖9 信賴關係不會一次就決定

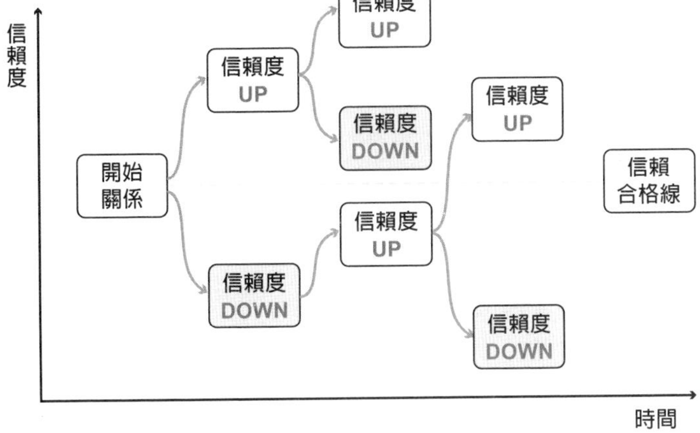

在此爲了減輕精神上的負擔，我以圖解的方式，說明在開始關係時獲得信任的結構。其實**建立信賴關係時並非一次定生死，而是不管幾次都能透過對話補救**。

如圖9所示，開始關係時不會只根據外表就做出所有判斷，而是透過對話交互判斷。換句話說，就是在對話中提升、降低彼此的信賴度。即使覺得「說錯話了……」，只要不是低於信賴合格線的毀滅性發言，都還是很有可能提升信賴度。

所謂毀滅性發言包括**「宗教」「政治」「婚姻觀」「性別」「低俗笑話」「自虐」「貶低對方」**等，有關思想的意見可能引發對立，最好不要提及。

如果就算沒有提到毀滅性的話題，對方的

信賴依然降到合格線以下，那就接受「你的人生不需要對方」，並將對方切割吧！請注意不要激起毀滅性思維，執著於獲得對方的信賴。

重點 避免無法修復關係的毀滅性話題。

掌握「搞笑」技巧，讓你在職場脫穎而出

那麼，接下來將為那些想在開始關係的對話技巧中「搞笑」的人，介紹**逗人發笑的對話技巧**。

附帶一提，我認為這個世界上「沒有人不想逗人發笑」。如果可以的話最好能夠「把人逗笑」，同時也希望盡可能「不要冷場」。

在說明具體方法之前，請容我問你一個問題。

「你覺得搞笑在職場上真的有效果嗎？」

搞笑在職場上當然是有效果的。根據《哈佛商業評論》的介紹，**「看完一部搞笑影片的員工，生產力比其他員工提高了10％」**。

如果公司裡有生產力低的同事，請你逗他發笑，如果有困難，至少也給他看喜劇影片，這麼做將能提高對方的生產力。

搞笑在職場上的效果就是如此顯著。但有一點必須注意，**「搞笑」在職場上不應該成為目的**。希望你將搞笑技巧當成與「公司同事」「客戶」建立信賴關係的其中一項要素使用。

實際上，我公司旗下的事業「用搞笑力量改變組織的『喜劇溝通』」，已經將這套對話技巧提供給近2萬6千人。此外，**某公司一百名參與培訓的業務員與另外一百名未參與培訓的業務員相比，接單率差距高達9.8個百分點**。

簡單來說，就是我對於接下來介紹的這套方法非常有自信。附帶一提，參與培訓的學員中，什麼樣的人應用效果最好呢？以下介紹兩個特徵。

①正在摸索如何搞笑的人：儘管正在摸索，卻因爲無法逗笑別人而使氣氛尷尬。

②未曾關注過搞笑的人：通常表情嚴肅，覺得搞笑很困難。

擁有這兩個特徵的人使用效果最好，因為他們「無法逗人發笑」或是「根本沒有關注過搞笑」，一旦實踐，同事與客戶的反應就會明顯改變。

那麼為了將「搞笑」應用於職場，必須理解「人為什麼會發笑？」換句話說，**只要理解「搞笑的機制」，笑點就不再是偶然的產物，而是具有高度重現性的技術**。

介紹一個不理解「搞笑機制」的典型例子。公司高層在朝會或是全公司的會議中發言時說「講到這裡大家要笑啊！」聽眾於是為了避免氣氛尷尬而哈哈大笑，各位是否見過這樣的場景呢？

我的公司稱這一連串勉強必須笑出來的狀況為「笑聲勒索」。

為了避免做出這種笑聲勒索的行為，請務必學會搞笑機制。

所謂的搞笑機制到底是什麼呢？其實非常簡單，那就是「緊張」與「緩和」。漫才、短劇、落語、脫口秀等，所有搞笑的基礎都是同一個機制。

舉個最容易理解緊張與緩和的場景作為例子。

・緊張：和尚在葬禮上
・緩和：放屁

接著請具體想像這樣的場景。

和尚敲著木魚的聲音在房間裡響起，瀰漫著一種特殊的寧靜與緊張感。家屬低聲哭泣，房間裡都是線香的氣味。

在如此緊張的氛圍中，

聽到和尚「噗～」地放了一聲響屁。而且還不只一次，而是兩次、三次，在木魚聲的伴奏下，聽到「噗～」的放屁聲。

各位是否對於搞笑機制有了具體的想像呢？

重點

笑能有效提高生產力、銷售成績、信賴關係等。

用搞笑機制創造笑果

爲了讓大家更熟悉「緊張」與「緩和」，介紹喜劇演員使用的另一種稱呼方式。說不定這樣的稱呼對你來說更常聽到，那就是「做球」與「接哏」。

「做球」就是「共同認知」。
「接哏」就是「出人意表」。

當然，接哏存在著各種模式，這次爲了方便理解，將其定義爲出人意表。而**最容易理解「做球」與「接哏」這個結構的例子，就是使用照片的腦筋急轉彎了**。

接著就試著用圖10的照片來進行腦筋急轉彎吧！機會難得，請不要只是看一眼，而是要試著回答看看。如果你對於自己想到的回答感到有趣，就是創造力與生產力提升的證明，請務必愉快地挑戰看看。

・**腦筋急轉彎**：這個孩子說了什麼好笑的話呢？

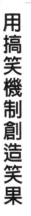

圖10◆這個孩子說了什麼好笑的話呢？

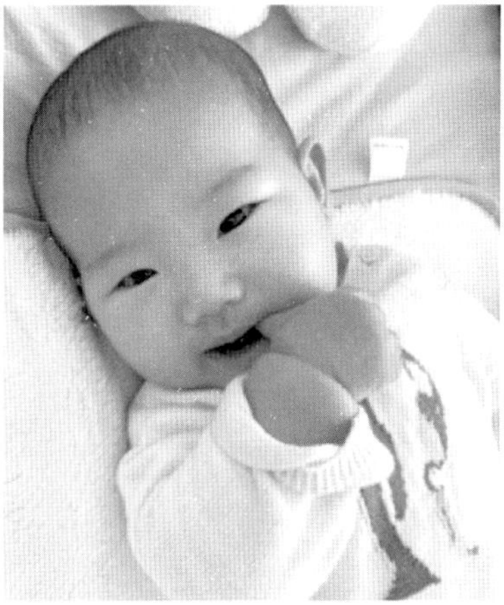

・**回答範例**：總之可以先來杯啤酒嗎？

・**回答範例**：貧窮是會遺傳的，作為父母要好好加油啊！

這些回答都很有可能帶來笑聲。當然正確答案不只這些，比上述回答更有趣的答案還有很多。我承認這些回答範例可能把難度拉得太高有點尷尬，但我會堅強地繼續說明。

以這個腦筋急轉彎為例，「做球：共同認知」是對這個世界一無所知的嬰兒。接著請想像這個「做球：共同認知」的「哏：出人意表」。換句話說就是嬰兒絕對不會說出來的話。笑料就透過這樣的搞笑機制被創造出來。

重點

搞笑的機制可以簡化成「做球」與「接哏」。

「笑」會像滾雪球一樣愈滾愈大

到此爲止介紹了「製造笑料的方法」。

其實關於搞笑還有個想要深入探討的問題。那就是**如何讓「笑聲」愈來愈大，最後變成大爆笑**。我想這有點難以理解，因此以開始關係爲例進行說明，舉例來說，有些人想要在自我介紹時「盡量逗人發笑，最好能夠大爆笑」。

但我敢斷言，這是不可能的。

因爲**「笑聲」有個特色，那就是基本上會像滾雪球一樣愈滾愈大**。換句話說，在開始關係的自我介紹階段，能夠讓人「噗哧一笑」就已經是極限。

這種讓人噗哧一笑的手法，在漫才中稱爲「引」，在落語中稱爲「枕」。目的是在進入段子之前，「告訴觀眾自己是誰」以及「營造讓觀眾容易發笑的氛圍」。作用就和職場上的破冰類似。

具體來說，如何讓笑聲愈來愈大呢？我在圖11畫出了簡單易懂的結構。

首先提出一個問題。

圖11 掌握核心並稍微偏離

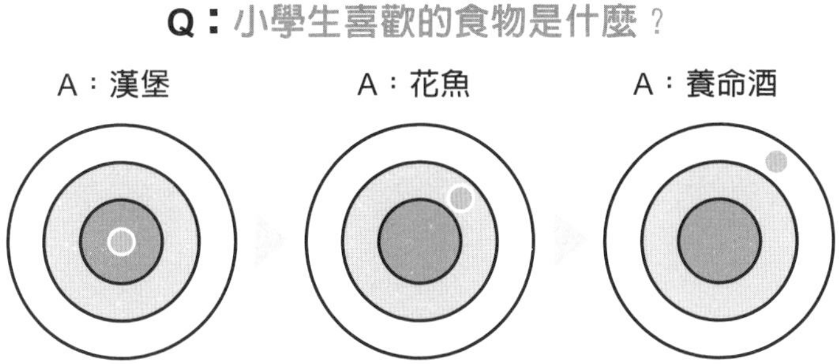
Q：小學生喜歡的食物是什麼？
A：漢堡
A：花魚
A：養命酒

搞笑有表現的順序
理解核心並稍微偏離就能產生笑料

參考殿村政明著作《瞬間打動對方的心！運用搞笑技巧工作一定會成功》
（小學館，2010年5月）

「小學生最喜歡的食物是什麼？」

對於這個問題，請思考一下小學生最喜歡的「核心」食物。所謂的「核心」可以想成共同認知。例如這個問題的核心答案就是「漢堡」「咖哩」「炸雞」等。

接著**在理解核心之後，稍微偏離這個核心以製造笑料**。例如「花魚」「醃漬魚雜」「山葵魚板」等。至於這個「稍微偏離」的部分有多好笑，就取決於搞笑的品味與經驗。

但如果圖11的第三階段回答「養命酒」等在第二階段就出現，反而會因爲偏離太多而無法產生笑點，讓人陷入「一頭霧水」的狀態。

換句話說，爲了製造笑料，必須在理解核

心回答後，有意識地加入「稍微有點偏離的答案」。這就是讓人「噗哧一笑」的源頭。

試圖在自我介紹中引起爆笑的行爲，就像是**有個人突然冒出來，在沒有共同認知的情況下，說了第三階段大幅偏離核心的內容**。這完全就是公開處刑，千萬不要這麼做。這只是有勇無謀，可不是什麼挑戰之類的漂亮話。

但我相信一定有人會覺得「我想確保在自我介紹中至少能讓人『噗哧一笑』。因爲如果成功，就能在接下來的簡報等發揮效果」。

這種情況下，請在發言時表現出**「我雖然不是刻意搞笑，但如果想笑的話請自便」**的態度。不要刻意停頓或用表情展現「我說了有趣的事」，最好在自我介紹中自然而然地加入「就是這麼一回事」的感覺，藉此引發笑聲。

這麼一來就能避免「笑聲勒索」的情況，讓氣氛保持自然。裝出「我也不是想搞笑」的態度也可作爲萬一**冷場時的風險控管，你自己也能在不受到傷害的情況下，繼續開始關係的對話**。

說個題外話，冷場會帶給身心極大壓力。據說某位喜劇演員因爲太過冷場導致身體出現神祕的藍色分泌物，把T恤都染成了藍色。

因此請千萬不要勉強自己。

重點

不要一開始就追求大爆笑。

沒有人教我們「如何訓練搞笑技巧」

前面介紹了「如何製造笑料」與「搞笑的特性」。最後，我想要談談「如何訓練搞笑技巧」。

有些人或許會懷疑，雖然讀到了這裡……眞的能夠學會搞笑嗎？

我想要告訴這樣想的人，如果想要達到普通好笑的程度，搞笑能力可以像肌力一樣藉由訓練來強化。因爲搞笑來自**「思考有趣事物的能力」**。這代表任何人都能變得比現在更有趣。

接下來就是具體說明。我常有機會站在人前演講，因此也經常被問到「該怎麼做才能想到有趣的事情？」或是「該怎麼做才能變得有趣？」

我也曾立志成爲喜劇演員，因此至今仍打從心底對於「變得有趣」有著純粹的渴望。

在此想要與大家分享一個我還是菜鳥時學到的「創造有趣事物的觀察角度」，以及至今已經成爲習慣，並且仍在實踐的「讓說話變得有趣的方法」。

首先爲大家介紹當我立志成爲喜劇演員，在某間學校上課時學到的「創造有趣事物的觀察角度」，這也與前面介紹的「稍微偏離核心」的方法有關。

這是某位講師提出的問題，透過這個問題能夠簡單理解**「創造有趣事物的觀察角度」**。

現在我把這個問題提出來，請你也思考看看。

「現在請在筆記本裡畫一個杯子。」

如果你畫了一個像圖12一樣的杯子，就能知道你不具備「搞笑的觀察角度」或「觀念」。

舉例來說，就算只是畫一個杯子，它也可以是「從正上方看下去的圓」或者直接用英文寫的「CUP」，甚至可以是「被原始部落當成杯子的頭蓋骨」。

由此可知，這個問題想要討論的不只是杯子，而是看待事物或事件時不只從正面觀察，還能「從背面觀察」「從側面觀察」「從不同國家的角度觀察」等，而這種**透過各種視角觀**

圖12 「現在請在筆記本裡畫一個杯子」

察事物的方式，就是「搞笑觀察角度」。

「搞笑的觀察角度」對於愉快享受人生非常重要，因爲我覺得喜劇演員最根本的能力不是溝通技巧，而是**「讓人生變得有趣的能力」**。

舉例來說，如果我弄丟了錢包，我不會覺得自己很倒楣，而是會覺得多了一個能夠講給別人聽的話題……如果告白遭到拒絕，也會覺得反正都要被拒絕了，那就乾脆慘烈一點吧，這樣還能說給別人聽……當然會很傷心，但是可以在傷心時笑出來。

就如同卓別林有句名言**「人生近看是悲劇，遠看卻是喜劇」**，人生發生的所有事情，都有各種不同的觀點與解釋。換句話說，在這一瞬間選擇以什麼樣的「觀點」與「解釋」來看待已經發生的「痛苦經驗」，將會改變「未來」的人生。

圖13　各式各樣的杯子

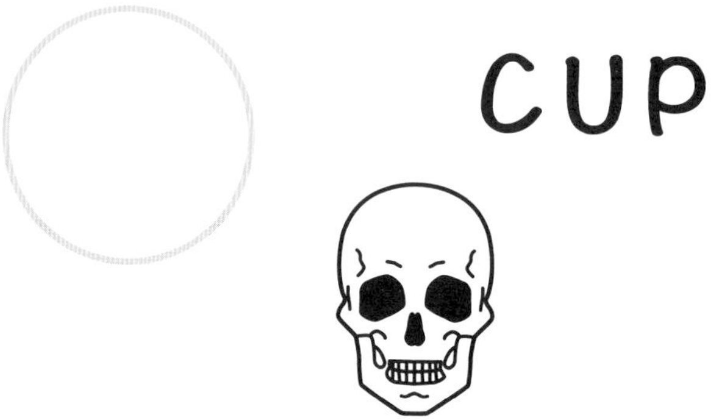

不用說，我的未來也因爲把辭去喜劇演員一職視爲「放棄」或「人生的終結」，還是視爲「往前一步」或「挑戰」而大幅改變。當然，我將其視爲「挑戰」，所以有了今天的成就。

「工作上的重大失敗」或「討厭的上司訓話」是「讓你一蹶不振的打擊」，還是「用來往前邁進的經驗」，也全部都取決於你如何看待。

附帶一提，我想介紹一個自己曾經使用、能夠瞬間改變觀點的方法。在我的工作生涯中有過很多「痛苦的經驗」。

舉個明顯的例子，我辭去喜劇演員換到新工作後，有個人稱「鬼軍曹」的上司，這個綽號彷彿在說「我一定會職權騷擾」。

他經常對我發火，我就連想要說笑都有著難以跨越的心理障礙……我不知道該怎麼辦，心裡非常苦惱。心理學上有一種改變認知方式的理論叫作

ABC理論，但就算了解理論依然知易行難，所以這個困擾日復一日存在。

後來我想出的方法是，把這個狀況解釋成短劇的設定。每當我被上司找去開會時，就會**在會議室前默唸著短劇的設定「短劇：職權騷擾的上司」，以這個設定接受會議的挑戰**。

於是，我逐漸能夠客觀看待這個原本嚴厲的上司，把他當成在這個世道之下依然積極職權騷擾的短劇角色。例如「這個上司真的很會做惱怒的表情」「他在這個時候用怒吼來吸引注意」「咦，他是不是因為太生氣而忘了接下來要說的話？」等，事情開始變得有趣了。

我非常理解那種面對「工作發生重大失誤」或是「討厭的上司訓話」時，很難換個角度看的感覺。但請你試一次。在心裡大喊「短劇：○○」。這麼一來，一定能夠主動進入喜劇的世界。

重點

聽討厭的上司訓話時，在心裡大喊「短劇：權力騷擾的上司」。

徹底模仿讓你突飛猛進

接下來將介紹「如何訓練搞笑技巧」的第二個部分，也就是至今已經成爲我的習慣，並且仍在實踐的「讓說話變得有趣的方法」。

就如同職業棋士羽生善治所說的「每個人都是從模仿開始」，所以請徹底模仿自己覺得有趣的喜劇演員的說話方式。

「有趣」是一種價值觀。

這代表**自己覺得「有趣」的喜劇演員，最有可能訓練自己的「搞笑」能力，使自己的才能倍增**。

這裡的關鍵在於模仿的徹底程度。舉個容易理解的例子，請將你覺得有趣的喜劇演員不冷場的脫口秀寫成逐字稿。現在有製作逐字稿的軟體，執行起來應該非常簡單。

接著請分析你所選擇的喜劇演員的脫口秀結構。哪個部分是「做球」，而「接哏」的部分又使用了什麼樣的語言。接下來的重點就在於將這場脫口秀完全背下來，用同樣的「節奏」與「停頓」說話。不需要嘗試多個段子，請將一個段子完美複製。

因爲搞笑最重要的其實不是「有趣的內容」，而是「停頓」。舉個簡單的例子，一流搞笑藝人會使用「太離譜啦！」這種任何人都會使用的句子來製造笑料。換句話說，**「停頓」遠比「有趣的內容」重要**。

接著就來具體說明在脫口秀中的什麼時間點該使用「停頓」。**最明顯的例子就是在「裝傻」或「接哏」之前**。換句話說，就是在想要強調的部分稍微「停頓」一下，藉此強調「裝傻」或「接哏」的內容，使人更容易發笑。

需要注意的是「停頓」的長度。停頓的時間愈長，「裝傻」或「接哏」就愈會被強調出來，期待感也就更加升高。如果在沒什麼大不了的「裝傻」或「接哏」之前「停頓」得太久，就有嚴重冷場的危險。請務必留意。

爲了掌握「停頓」的時機及適當長度，請徹底模仿。**只要理解「停頓」，有趣程度絕對能夠大幅提升**。

我現在已經不再寫逐字稿了，但當我還是菜鳥喜劇演員的時候，曾經寫過島田紳助與千原弟的逐字稿，並練習用同樣的方法說話。但我現在依然保有聽脫口秀的習慣，每天將脫口秀節目當成背景音樂播放。

說個無關的話題，把脫口秀節目當成背景音樂播放是我從高中開始的習慣，當時周圍的同學都在聽「Mr.Children」「安室奈美惠」和「濱崎步」，只有我一個人在上學時聽的是「中川家的漫才」。我來自缺乏搞笑文化的三重縣伊勢市鄉村，所以不用說，在同學當中顯然是個怪人……

請務必試著**把平常聽的音樂換成脫口秀節目**。我想光是這樣就能感覺到變化。附帶一提，把音樂換成脫口秀節目還有一個好處，那就是「聽起來很有趣」。

重點

將通勤的音樂換成脫口秀節目，偷學停頓技巧。不能用倍速收聽。

「人氣王」的共通點

到此爲止已經討論了受到別人喜愛的重要因素中的「①熟悉感」，以及搞笑的機制、搞笑的特性、搞笑的訓練方式等。在這當中，也在開始關係的自我介紹稍微提到了「②同類感」，而接下來將更進一步探討該如何「成爲受到別人喜愛的人」。

相似的價值觀與經驗對於「同類感」而言非常重要。

但老實說，在職場上**幾乎不可能從「外表」來判斷價值觀與經驗是否相似**。最讓我感到無法從「外表」判斷場合，就是每年四月看到一批新進員工的時候。這群人幾乎都穿著深藍色的套裝搭配黑色皮鞋、黑色皮包，幾乎只能分成「戴眼鏡與不戴眼鏡」。或許因為這樣，他們很少被以個人名字稱呼，而是使用「人」「貓」「車」之類的泛稱，而這些人就被稱為「新進員工」。

但如果在私人場合，就非常有機會從外表判斷一個人的價值觀。舉例來說，穿著打扮等就是價值觀的展現。喜歡嘻哈的人偏好嘻哈歌手般的服裝，而男公關之類的人，就會穿上尖頭皮鞋。

職場上除了新進員工之外，其他場合也很難從外表判斷一個人價值觀，因此必須「主動發問以尋找相似的價值觀」。至於「經驗」也不能只是詢問過去的經驗，在未來與對方「共同創造許多經驗」也很重要。

因此接下來從「共同創造許多經驗」開始探討，而這也是獲得「同類感」的行動之一。

主動發問固然重要，但如果只介紹如何發問，可能會被讀者抱怨「怎麼又是發問……」所以我打算從其他切入點介紹。

共同創造許多經驗的最有效方法，就是成爲別人眼中的「人氣王」，因爲「主動邀請別人」的行爲還是需要勇氣。

畢竟一想到「如果被拒絕了該怎麼辦……」「造成別人的困擾該怎麼辦……」主動邀請別人就變得難如登天。同期的同事還可以，如果對象是尊敬的前輩或上司，精神上的阻力就會增加，難度也更加提高。

爲了避免造成自己的心理負擔，**必須成為一個對方願意邀請的「人氣王」**。那麼具體來說，什麼樣的人能夠成爲「人氣王」呢？

在此根據哈佛商學院的論文來介紹「人氣王的共通點」。論文中提到，其共通點就是**「言行容易預測」**，稍微具體一點的要素就是**「行為具有一致性」「很好懂」「不做作」**。由此也能看出，前面介紹的自我揭露等就是有效的方法。此外，這也非常接近「討人喜歡的四個重要因素」。

重點

「一致性」「很好懂」「不做作」非常重要。

不受喜愛就無法存活！喜劇演員的密技

那麼，該如何將「行為具有一致性」「很好懂」「不做作」的特質融入到自己的人格當中呢？困難的內容全部擺在一邊，接下來將介紹兩個喜劇演員都在使用，而你也會想要實踐的方法。

為什麼會在這裡介紹喜劇演員使用的方法呢？因為**喜劇演員就是萬一不受走紅的前輩喜愛，自己走紅的機率就會大幅下滑的職業**。

喜劇演員的長處就是討喜，甚至有某位喜劇演員說：「豐臣秀吉對織田信長的馬屁只拍到80分。如果是我，就不會讓織田信長發現我幫他暖草鞋，我會讓暖草鞋成為理所當然的日常。」

這不只是因為「走紅的前輩能夠提供工作」這種簡單的理由，更是因為**如果不置身於周遭的人都很有趣的環境，變得有趣的成長速度就會變慢**。關於環境的重要性，將在第4章詳細介紹。

換句話說，如果喜劇演員不受前輩喜愛，走紅的可能性就會大幅降低。不過老實說，零用錢和美味的食物也是一大誘因。我也不知道有多少次爲了省錢，雖然領到計程車費依然走了一個多小時的路回家。

我想各位都已經理解「受到喜愛」對於喜劇演員來說是多麼地攸關生死。接著就來介紹兩個置身於這種狀況下的喜劇演員所開發出來的「受人喜愛的方法」。

重點

受到大人物喜愛，成長速度就會加快。

運用潛意識效應觸動對方的心

接著就介紹第一個方法。各位聽過潛意識效應（subliminal effect）嗎?關於這個效應有各種解釋，舉例來說，在觀眾沒有意識到的情況下，讓「可樂」閃過電影之類的影格，結果觀眾雖然「沒有意識到自己看見可樂」，但可樂卻殘留在意識當中，讓觀眾「忍不住想喝可樂」。據說這個手法現在已經禁止使用了。

第一個方法運用的就是潛意識效應。我們可以運用這個方法來發揮**「很好懂」**與**「不做作」這兩個要素**。

接著就讓我具體說明。爲了方便理解在職場上如何運用，請你想像與上司或前輩聚餐的場合。

假設你和上司單獨聚餐。雖然整個團隊會一起出去吃飯，但和上司單獨聚餐的機會卻很少，因此你覺得很開心，忍不住告訴上司「今天眞的很愉快」。上司聽到你這麼說會怎麼想呢……當然，有些人會坦率地感到高興，但應該也有不少人會擔心「我是不是讓他費心了……」

爲了避免招致這樣的誤解，有一個**「好懂又能傳達心意」**的方法。請具體想像一下：

直接當面告訴對方，容易使對方感到懷疑，因此請在去上廁所的時候，像是喃喃自語地用對方幾乎聽不到的音量低聲地說出「今天真的很愉快……」。

透過這種方式傳達，上司就會覺得你「眞情流露」。爲什麼需要特地讓上司知道自己「很愉快」呢？因爲正派的上司和部下聚餐時，多半都會擔心「對方眞的很愉快嗎……」

「我這樣會不會變成職權騷擾……」。

如果部下即時揭露自己的感受，就能讓上司放下心來，今後也就更容易約你出去，能夠與你共同創造許多經驗。

此外，在職場上雖然能夠坦率表達抱怨或負面情緒，但**無論是向對方表達正面心情，或是聽對方表達正面心情的機會都很少**，因此這樣的經驗本身也容易使對方留下印象。

說個題外話，潛意識效應有多容易讓人留下印象呢？我曾傳授某公司的一百名新進員工運用潛意識效應的一句話。

三個月後，這家公司的部長語氣不耐煩地打電話質問我：「中田先生，你到底教了他們什麼?!」

都已經過了三個月，我也搞不清楚他在說什麼，只好問他：「您指的是什麼呢？」部長又好氣又好笑地說：**「今年的一百名新進員工，所有人都會在去上廁所的時候低聲說話！」**我想這名部長應該這輩子都不會忘記這一年的新進員工。

再介紹一個職場上的活用法，這句話在「開會」或「一對一」的情況下使用，也能發揮非常好的效果。

舉例來說，如果你是上司，**光是對部下的發言低聲表示「這個意見不錯……」「這個問題很好……」，就能讓他更容易產生心理安全感**，能夠毫無顧忌、毫無風險地交換意見或是在工作中挑戰。

如果你是下屬，只需在上司發言時低聲表示「眞是佩服……」「值得尊敬……」等，也絕對能帶給上司心理安全感。創造心理安全感的詳細方法，留待第7章管理者如何打造團隊的部分介紹。

請先務必試著運用這個方法，再像玩遊戲一樣，找出「這句話能夠打動A」「對B來說那句話會更好」等，摸索能夠激勵對方的那句話。而你自己透過這樣的過程，想必也會逐漸開始樂在其中。

重點

低聲地說，比大聲說出來更能打動對方的心。

喜劇演員會道謝四次

接著介紹第二個方法。在「②同類感」中所介紹的「共同創造許多經驗」包含了「開會」與「一對一」，而「聚餐」當然也包含在內。

如果好不容易曾接受邀請，後來卻又逐漸疏遠，那麼**「獲得同類感的機會」**就會減少。此外，有些老一輩的人非常重視「聚餐」。席間說了什麼並不特別重要，而聚餐也沒什麼目的，但他們異常重視「我和對方一起吃過飯」這點。

我想如果曾與尊敬的人一起吃過飯，都會打從心底希望之後也能持續獲得同樣的機會。接下來將介紹喜劇演員使用的，能夠繼續獲得聚餐機會的四次道謝法。

這四次道謝都存在著目的與意圖，經過非常精密的計算，**當我第一次從前輩那兒學到四次道謝法時不禁讚嘆不已**。接下來就具體說明。

・道謝①：在收銀機前道謝。

圖14◆喜劇演員使用的四次道謝法

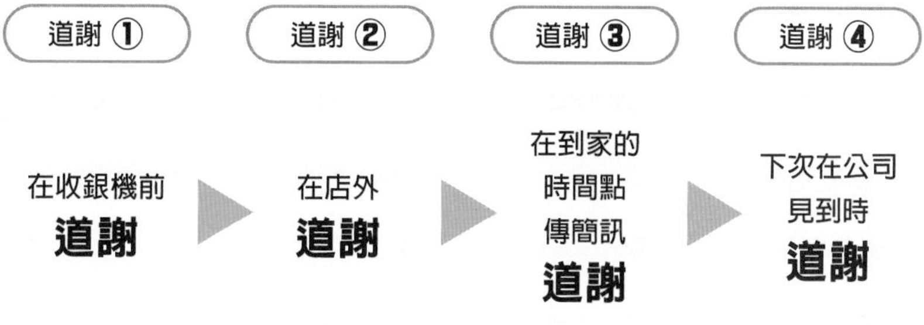

道謝對象是請自己吃大餐，或是出較多錢的上司（前輩）。

・目的①：爲了讓店裡的客人都聽得到，在收銀機前大聲道謝，滿足上司（前輩）的自尊需求。

・道謝②：在店外道謝。

・目的②：在店外再次看著上司（前輩）的眼睛道謝。

・道謝③：在上司（前輩）到家的時間點傳簡訊或LINE道謝。

・目的③：讓這次的聚餐成爲與家人或伴侶交談的話題（或者作爲晚回家的藉口）。

・道謝④：下次在公司見到時道謝。

・目的④：用辦公室的人都聽得到的聲音大聲道謝，滿足上司（前輩）的自尊需求。

此外，在第④次道謝時，除了說聲**「再一起吃飯吧」**，也請再加上一句**「下次約什麼時候比較好呢？」**就算沒有具體日程，光是詢問「什麼時候」，也會讓我方比較容易提出下次的邀約。只要像這樣道謝，對方就能持續地將你安排進行程表裡。

在時代的演變之下，這個四次道謝法也隨著聚餐文化的沒落逐漸消失。正因爲如此，**運用四次道謝法絕對能使你大幅展現出與其他人的不同**。

附帶一提，接受我請客的後輩如果連一次「道謝」也沒有，我就不會再約他第二次了。這不只是因爲他完全沒有展現出敬意，更重要的是，他可能覺得和我聚餐一點也不有趣……像我這樣的老派人，就萬萬不敢再約他第二次。

重點

分辨「收銀機前」「店外」「到家時」「下次見面時」這四次道謝的使用時機。

多數人的價值觀並未用言語表達

接下來，爲了解釋「②同類感」中「相似價值觀與經驗」的部分，將針對「主動發問以尋找相似價值觀」的部分進行解說。

在此想問一個問題，請你如實回答。

「你的價值觀是什麼呢？」

聽到這個問題，**能夠立刻回答出「我的價值觀是……」的人在世上非常少見**，這不只是在職場上，在任何地方都是如此。這代表即使試圖透過發問來探究價值觀，也很少能明確地使用語言表達出來，所以價值觀非常難以確定。不過，有兩個類型問題可以用來突破這種困境，把價值觀找出來。如果你是業務員，絕對建議你牢牢掌握。

但如果你身爲業務卻完全沒有看過或聽過這兩類問題，那麼我大概可以判斷你初出茅廬或業績不佳。建議你不要讀過就忘，務必牢記於心。

圖15中的兩類問題不只使用方法，使用順序也很重要。接下來，我們就依照使用順序逐

圖15　兩個問題

①談話式問題

以「釐清」價值觀與欲望為目的的問題

「你比較喜歡A還是B？」

「A比較重視△△，B比較重視□□，你比較接近哪個人？」

透過上述具體例子，能夠讓答案逐漸變得明確

②意願式問題

以找出「個人價值觀與欲望」為目的的問題

「你的堅持是什麼？」

「失去了什麼東西會讓你覺得不再是自己？」

利用上述問題找出對方的價值觀與欲望

一說明。

①談話式問題

這個問題的**目的是釐清價值觀與欲望，並透過以他人為例等方式來確定**。因爲如果價值觀不明確，即使直接問也得不到答案。這時可透過**「你比較喜歡A還是B？」**之類的問題，透過提出例子進行比較的方式，探索並建構出立體且高解析度的價值觀。

②意願式問題

當使用①談話式問題探索價值觀，且價值觀變得立體可見時，就可以改變「問題的內容」，以突顯出對方獨一無二的價值觀，例如**「失去了什麼東西會讓你覺得不再是自己？」**畢竟被問到「你的價值觀是什麼呢？」可能想不到答案，但如果被問到

「堅持的事情」就更容易理解，也更容易浮現出想法。

像這樣依序提出這兩個問題，**對方未用言語表達的模糊價值觀就能變得更加清晰，也更容易掌握**。

業務人員推銷時，也可以利用這兩個問題介紹自己公司的案例，釐清對方的希望與需求，並應用在提案中。

附帶一提，王牌顧問並不是擅長簡報的人，能夠成為王牌的，都是**懂得發問的人**。因為透過發問能夠獲得競爭對手不得而知的需求與資訊，大幅提高提案的品質。即使簡報不夠流暢，只要提案內容能夠壓倒性地深入本質，依然能夠接到訂單。

業務員務必學會這兩個問題，並做好實踐的準備。

重點

透過兩個問題找出價值觀。

利用馬斯洛的需求層次理論來附和

到此為止已經說明開始關係的其中一項對話技巧「發問」，而我相信各位都有一些疑問：「話說回來，對方真的會回答這個問題嗎？」應該也有讀者會這麼想，我非常理解這種感覺。

溝通可以分解成兩個要素，那就是「發送」和「接收」。

無法與別人對話，或是無法聊得熱絡的人，都有試圖強化「發送」要素的思考特徵。具體來說，他們更關注「怎麼說」，例如「如何說得有趣」，或「說什麼」，例如「如何加入有趣的內容」。

其實，**那些無法與別人對話，或是無法聊得熱絡的人，最需要注意的是「接收」**。因為對話終究是你與對方的傳接球。

無論你投出的球速有多快，只要接不到對方的球，傳接球就無法成立。

「我們來玩傳接球吧！」如果對方邀你一起玩傳接球，卻連手套都沒準備，當你投球過去時，他不但沒有打算接球的樣子，甚至連掉到地上的球也不撿，只是不斷地把裝在自己口袋裡的球丟出來，那麼你因為這樣的狀況太過異常而覺得「我這輩子都不要再和這傢伙一起玩傳接球……」也是理所當然的事。如果是這種狀況，我想和AI機器人聊天要愉快得多。

換句話說，重要的是**「接收」，讓對方能夠舒服表達的「傾聽方式」**與**「營造易於談話的氛圍」的「附和方式」才是重點**。用捕手手套接住對方的球並發出響亮「啪嚓」聲，同時大聲說出「好球！」，對方想必也會奮力投球甚至不惜弄傷肩膀吧！

那麼，什麼樣的附和方式才能讓對方侃侃而談呢？我將參考馬斯洛的需求層次理論來說明。

馬斯洛的需求層次理論是基於亞伯拉罕·馬斯洛**「人類會朝著自我實現的方向成長」**的假設，將人類的需求如圖16所示，分成由下而上依序滿足的五個階段。現在對於這個理論雖然有各種解釋，但為了方便說明，在此將其視為單一標準。

在此想要表達的是，**「讓對方飄飄然」或是「能夠暢所欲言」的附和，會隨著對方想要達到的需求層次而改變**。

・想要滿足「社會需求」的人

當你用「好厲害」附和這些人時，他們就會滔滔不絕。這是因為他們想要得到社會的認可，經常把收集「比別人更厲害」的稱讚視為人生目的，甚至讓人懷疑他們是不是把這樣的稱讚裱起來掛在家裡……所以就把新的「好厲害」系列送給他們當禮物吧！

·想要滿足「尊重需求」以上的人

到了這個層次，就很難再用「好厲害」來打動人心了。因爲在資本主義競爭中勝出的人，多半已經習慣被人稱讚「好厲害」。追求「尊重需求」以上的人，已經從與他人的比較中畢業，轉而追求獨創性。

「好有趣」是效果較好的附和。**「這個想法很創新」「我第一次看到」等指出獨創性的附和**往往使他們心情雀躍，帶著得意的笑容邊說著「不知道在初次見面時說這樣的話是否合適」，邊滔滔不絕地大談特談。

附帶一提，根據我的經驗，在我的印象中，**滿足社會需求的附和對於課長以下的管理人員最有效果，至於經理以上的管理人員，則以滿足尊重需求的附和更為有效**。

·已經達成「自我實現需求」的人上人

這個世界上也存在著高不可攀的人上人，他們擁有一切，這五個階段已經不足以表達他

圖16◆馬斯洛的需求層次理論：實用附和方式

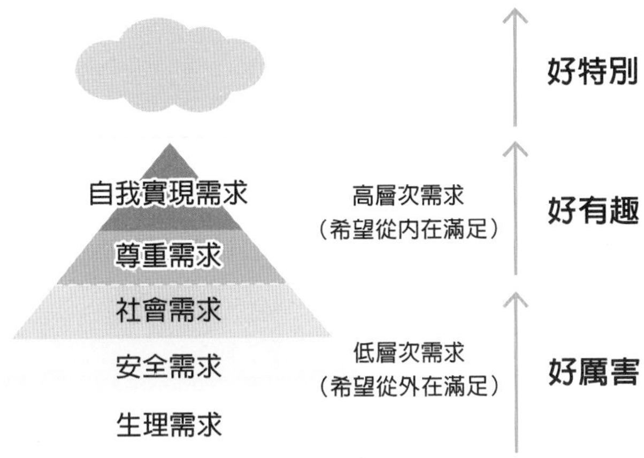

們的需求。例如，擁有數百億資產、並發自內心支持年輕創業者的富翁、某某政府部門高官等，面對這些精英中的精英，**即使「有趣」也很難打動他們的心**。

一般人在面對這些壓倒性的成功人士時，往往會感到敬畏，並在不知不覺中積極討他們歡心。而且一旦別有用心，腦中冒出「如果得到這個人的喜愛說不定會有什麼好處……」之類的想法，甚至可能變成不斷發出低俗笑聲，令人不忍卒睹的機器人。

正因爲這些人四周都是別有用心的人，更需要讓附和方式變得稍微特別一點，例如「好特別」。這麼一來，**對方可能因為平常很少聽到的稱讚而覺得「你很不錯喔！」**

需要注意的是，如果用「好特別」來附和，可能會被周圍那些別有用心的人士盯上。

雖然克服尷尬氣氛將有豐厚的回報等著你，但失敗時的風險過高，使用時請務必小心。

重點 根據對象使用「好厲害」「好有趣」「好特別」來附和。

「討厭」和「被討厭」是同義詞

接下來進入到我在開始關係的對話技巧中，最想介紹的「討人喜歡的四個重要因素」中的「③積極感」。根據我的經驗，在建立關係時，無論如何「在外表下功夫」還是「學習溝通技巧」，只要不了解「積極感」，所有努力都將成爲無謂的表面功夫，因爲人們不會笨到被這些花招迷惑。

再次說明，所謂「積極感」指的是當對方表現善意時，你也會對他產生好感。

換句話說，如果你根本不喜歡或不尊重一個人，卻試圖與他建立關係，**最終他將會明白**

你的意圖，使其成為一段毫無意義的時間。

我自己也經歷過許多無意義的時間。

因爲即使直覺告訴我「跟這個人可能合不來……」，我依然別有用心地覺得「與他搭上線或許會有好處」，最後忍不住花時間嘗試開始關係。當然，這些時間從頭到尾都花在互相探索，最後結束在尷尬的氛圍。

由此可知，**如果只重視「好處」，往往會陷入浪費時間的狀況**，但如果相信自己的直覺，並根據直覺採取行動，多半能夠排除這種情形。因此，請務必在開始關係時相信自己培養出來的直覺。

而在「積極感」的部分，我想要進一步傳達的是，除了善意之外，負面情緒也會傳達給對方。舉例來說，如果你覺得「這個人跟我可能不太合……」，那麼對方也極有可能產生同樣的想法；如果你覺得「眞尷尬……」，那麼對方也會這麼想。

此外，「討厭對方」與「被對方討厭」是同義詞。有些人不理解這點，到處說人壞話，但在我看來，他們眞的是無知的蠢人。

即使你覺得自己隱藏得很好，**對別人的厭惡感也必定會透過「動作」與「表情」不自覺地傳達給對方**。討厭一個人不需要「說壞話」，只要「漠不關心」就夠了。

接下來想要針對如何「向對方展現善意」以獲得「積極感」進行解說。展現善意有兩種方法，分別是「表達情感」與「透過行動展現」。

重點

你不喜歡對方，對方也知道。

用言語讓對方產生正面情緒

首先是「傳達情感」。正如同我們在運用潛意識效應的方法中所介紹的，正面情感可透過坦率地告訴對方來發揮作用。

某項研究調查發現，表現良好的團隊中，**「正面詞語」與「負面詞語」的比例是「3：1」**。這裡所謂「表現良好的團隊」若是業務團隊，可以定義爲達成業績目標、對公司有感情、離職率低的團隊。至於表現絕佳的團隊**「正面詞語」與「負面詞語」的比例則是「6：1」**，正面詞語的比例明顯更高。

圖17◆正面詞語與負面詞語的比例

參考尚恩．艾科爾著，《幸福優勢7法則》（德間書店，2011年8月）

至於表現不佳，業績沒有達標，離職率也高的團隊，「正面詞語」與「負面詞語」的比例則是「2：1」。

這個結果顯示，正面詞語比例愈高，團隊就會愈成功。

接下來，讓我們進入主題。我想大家都知道正面詞語能夠對團隊發揮正面影響，這點毋庸置疑。所以在此換個問題：

「你知道多少能夠激勵他人的正面詞語呢？」

我就說得直白一點，你是不是幾乎不知道有哪些詞語能夠激勵他人呢……？

其實我的公司提供給客戶的其中一項練習就是「請挑選出在職場上使用、能夠激勵人心的詞語」。

大多數公司都會列出「不錯」「很好」「太棒了」等看似酒店經常用來吹捧恩客的附和，卻幾乎不會出現「說到對方心坎裡」的詞語。由此可見，平常在公司裡既沒有使用正面詞語的機會，也沒有讓別人使用的機會，所以腦海裡不存在這樣的資料庫。

但反過來如果稍微改變一下問題，就能得到許多答案。這就是下一個問題：

「請列出在職場中使用的，導致士氣低落的詞語。」

提出這個問題之後，學員都振筆疾書，都快要把筆寫到沒水了。他們寫得太過順暢，幾乎讓人擔心他們的工作環境到底有多糟。

而且列出來的詞語也非常具體，例如「你真沒用」「我不需要那樣的提案」「你又重蹈覆轍？」「你要什麼時候才能學得會？」等，**即使在這個心理安全的重要性已經普及，嚴厲看待職權騷擾的時代，各種傷人的話語依然泛濫成災。**

請再次檢視你們公司使用的「正面詞語」與「負面詞語」的比例，並且在與同事相處時，擴充「激勵對方的詞語」以及「聽了能夠提升士氣的詞語」的資料庫。

機會難得，我請我們公司員工選出從我口中說出會讓他們士氣大增的十句詞語，並整理成圖18，敬請參考。

圖18 十句提升士氣的詞語

1 你一定可以！你一定能做到！

2 你在○○方面顯然很有天賦。

3 我只說真話，所以你要有信心。

4 他是我們公司最棒的員工（當著客戶的面稱讚）。

5 你成長了不少呢！
ex.提案做得很好、眼光很獨到、能做到這件事真了不起。

6 因為你有某個部分讓我很尊敬。

7 把缺點重新理解成優點告訴對方。
ex.你不理解別人的情緒→即使在電話約訪時遭到鄙視也不隱藏。
ex.給人的印象像路人一樣薄弱→因為不會給人留下深刻印象，所以別人也不會產生戒心。

8 你可以做得更多！還有更大的潛力可以發揮！

9 公司能有今天，都是你的功勞。真的非常感謝你。

10 真是個有趣的故事，再多說一些吧！

請務必將圖18列入你腦中的參考資料庫並實際運用，藉此提高團隊與公司的士氣。

在公司裡不斷地聽別人的壞話或抱怨將會累積壓力，無論是多麼令人有成就感的工作，都會令人心生厭惡。人們終究會聚集在使用積極言語並面帶笑容的人周圍！

重點

累積稱讚的話語，比鑽研稱讚方式更能提振士氣。

只讀推薦的書是二流的人做的事

接下來介紹爲了獲得「積極感」而展現善意的第二個方法「透過行動展現」。畢竟無論說了多少討對方喜歡的話，只要不透過行動展現，就會**被視為「空口說白話的人」**。**這麼一來不免遺憾，為了避免這種狀況，必須付諸行動**。下面就具體介紹該如何「透過行動展現」。

我爲了克服不擅長溝通的困境而反覆摸索，同時也參考喜劇演員中的溝通強者如何行動，將其化爲言語，變成祕密武器。

爲了方便想像，圖19列出藉由發問獲得「對方的價值觀」後「透過行動展現」的一連串流程。

這裡使用了大家平常熟悉的問題。

「你推薦什麼書？」

當然，請先敘述你的課題作爲發問前的引子（前提），例如「我在公司內無法順利溝

圖19◆「透過行動展現」善意的方法

- **三流**的人只問對方推薦什麼書／告訴對方已經買了
- **二流**的人告訴對方讀完推薦的書之後的感想
- **一流**的人實踐推薦的書的內容，並告訴對方變化

STEP 1		STEP 2		STEP 3		STEP 4
詢問推薦的書	▶	告訴對方已經買了推薦的書	▶	告訴對方讀完推薦的書之後的感想	▶	實踐推薦的書的內容，並告訴對方變化

通……」「我因爲業績不佳而煩惱……」「我不想工作……」等。

又或者不是爲了解決問題，我想也有很多人想要知道尊敬的人或崇拜的人**「都讀些什麼樣的書，才能成長到這個地步」**。

接著就具體來看一流到三流的人在行動方面的差異。

・三流的人只詢問推薦的書。或是只告訴對方已經買了

行動只停留在這一步的人是否占了大多數呢？但**這並不能算是「透過行動展現」**。因爲看在對方眼裡，「購買推薦的書」是再自然不過的事情。

附帶一提，有些人會問別人推薦什麼書，

自己卻「不買」。坦白說，如果不買就會給人「空口說白話」的印象，倒不如就不要問。

・二流的人會告訴對方讀完之後的感想

雖然這樣的人比三流少，但確實存在。他們不僅買了書，也透過告訴對方感想來增加與對方的接觸頻率，企圖獲得「同類感」。

但**人們對這種行動的反應往往很兩極**。具體來說，有些人會「感到開心」，但也有人「無動於衷」，所以無法推薦給所有人。附帶一提，我就屬於無動於衷的類型，如果有人讀了我推薦的書之後告訴我感想，我也只會覺得「喔」。不過，如果是讀完本書之後的感想，不管多少我都洗耳恭聽。所以請不要客氣，在網路書店的「讀者評論」寫下感想吧！

・一流的人會實踐推薦書籍的內容，並告訴對方變化

我知道你在想什麼，你一定覺得「眞的要做到這個地步嗎……」。就是因為「做得過火」才有價值。如果用搞笑來比喻，那就是像三流、二流那種半吊子的行動無法引人發笑。就是因爲做得過火才會成爲笑料。

舉例來說，假設有個拿著大行李的老婆婆迷路了。

半吊子的人頂多只會問老婆婆「你還好嗎？」並指點她目的地方向。

而做得過火的人，會把老婆婆背到目的地，接下來甚至一整天都背著她一起逛街。做到這個地步就會變得很好笑，但這個故事告訴我們，**如果想要「透過行動展現善意」，就必須做得過火才能讓人感受到**。

不過有一點必須注意。

其實你不需要閱讀、實踐，最後產生變化。

因為分享變化時，也可以告訴對方「沒有變化」。我向自家公司的員工推薦書時，員工對我說「我實踐了您推薦的那本書中所寫的內容，但完全不適合我，所以我就放棄了」。

我聽到這裡也笑著說「推薦你奇怪的書，眞是抱歉」。於是我再度推薦了看似適合那位員工的書，同時也開始思考自己閱讀的書籍「適合那位員工嗎？」

像這樣在「透過行動展現」的同時，也能向對方展現「積極感」。只不過，有些人可能會覺得，最後介紹的一流人士所實踐的方法門檻略高，實踐起來有點困難。

然而正因爲困難，才能獲得豐厚收穫。**實踐成功人士口中的簡單方法就能獲得莫大回報的故事都是騙人的**。只實踐一次簡單方法，所得到的回報也不會多了不起。請務必往前一步跨越門檻，持續實踐看看，你一定能夠成功。

重點

透過行動展現積極度時，多做一步就能產生信任感。

自我行銷不是扮演完全不同的自己

最後終於來到了「討人喜歡的四個重要因素」中的最後一個「④主角感」，接下來將要深入探討這點。我們再次來看學術上對於「主角感」的定義，那就是「外表是否亮眼」。

我聽到這個定義曾感到絕望。我逐一學習了討人喜歡的重要因素，但最後一個竟然是外表亮眼與否……我記得163公分、單眼皮的自己，當時因爲無能爲力而感到絕望。但其實這是不需要的，因爲可以透過設計，**「策畫一個看起來有魅力的自己」**。

接下來，作爲第1章中介紹的「自我策畫」的完結篇，將深入說明具體來說該採取什麼樣的「言行舉止」以符合自己策畫的形象。

而在深入解說之前，有些人聽到「自我策畫」可能會誤以爲是「扮演完全不同的自己」，但這完全是誤會。

所謂的自我策畫，是最大限度發揮優勢。

扮演完全不同的自己時，「言行舉止」必定會出現破綻。這也是我的經驗，「感覺派的人」即使基於「想要看起來理性」而扮演不同的自己，最後面具也會剝落，露出自己「本來的面貌」，導致僞裝被拆穿。

此外，即使能夠利用第1章介紹的初次見面效果，在6～7秒內給對方留下「理性」的印象，如果沒有6～7秒後的「言行舉止」互相搭配，不只會透露出愚蠢的一面，還會因爲與最初「理性」的印象落差太大，看起來更加愚笨。這就是我嚮往理性所產生的悲劇……

接著就來介紹自我策畫有哪些步驟。步驟非常簡單，只有兩個。

①決定你想要給對方的印象

最重要的是**從「優勢」開始尋找**。例如像明石家秋刀魚一樣擅長「說話」的人，即使想要給人「沉默寡言、嚴肅認眞」的印象也不太可能。更重要的是，不要浪費自己的「優勢」。

附帶一提，最可惜的是商業界蔓延著對理性的嚮往，因此意外地許多人明明有著「擅長與人打交道」的優勢卻不懂得發揮，反倒「用理性硬碰硬」。我自己也是其中之一。

②決定讓別人認知到這個印象的言行舉止

就算在①決定了印象，如果不連言行舉止都經過設計，就無法讓周圍的人注意到。而為了給人固定的印象，請決定麥拉賓法則中的「視覺」「聽覺」「言語」這三項資訊。

重點

自我策畫在你勉強自己的那一刻就會自爆。

請以成為有趣的業務員為目標

到此為止，我想各位都已經理解自我策畫的兩個具體步驟。接下來將透過簡單易懂的一覽表，說明什麼樣的言行舉止能夠讓對方留下「符合期望的印象」。請看圖20。

爲了讓大家更容易理解，我爲大家介紹我擔任業務員在初次拜訪客戶時，所精心設計的「印象」與「行爲舉止」。圖20中的言行舉止，可能隨著狀況而多少有點改變，因此僅供參考。

只要看了圖20就會發現，**這些「言行舉止」沒有什麼特殊之處**。不過，相較於一般業務員，我比較特別的地方是初次拜訪顧客時，前半與後半給人的印象會變得不同。

更具體地說，在初次拜訪的前半部分，談話的目的是爲了獲得「値得信賴的印象」。一旦獲得了這個印象，在後半就會改爲採取爲了獲得「有趣」印象的行動。爲什麼我在後半會想要得到「有趣」的印象呢？這是爲了**展現與其他競爭對手的差異**。

「値得信賴的業務員」在所謂的商業區，例如大手町與丸之內一帶，多到遍地都是。既然遍地都是，倒不如說「値得信賴」的印象根本不會讓人記住。**做到多數人都做得到的事情不可能脫穎而出**。

圖20　為了獲得印象所採取的行動

印象（優勢）	行動
值得信賴的人	視覺資訊：西裝（非求職西裝）、深藍色領帶、白襯衫、包包、眼鏡、皮鞋（擦得亮晶晶） 聽覺資訊：口齒清晰、附和誇張（是的，您說的沒錯）、語速與對方一致（遇到語速慢的人就放慢）、語氣肯定（用肯定的語氣說話）、溝通時充滿熱情。 語言資訊：其他公司的例子（同業界．業種、大規模公司）、業界趨勢（閱讀新聞收集資訊），不會在無意間逗人發笑
有趣的人	視覺資訊：眼鏡（獨特的黑框眼鏡）、滿面笑容（無論聽對方說話還是自己說話）、西裝（不是求職套裝）、深藍色領帶、白襯衫、在對方說話時拍手大笑 聽覺資訊：口齒清晰，附和誇張（哇～～！太厲害了！）、說話節奏快（用自己的節奏說話） 語言資訊：透過發問引導對方說出資訊，並對說出來的內容吐槽，根據對方的資訊提供自己的故事、前喜劇演員的故事、成功的前輩．後輩喜劇演員的故事、有限的故事

雖然從自己口中說出來不太好意思，但是我敢大聲說……

很少有業務員像身爲前喜劇演員的我這麼「有趣」。

相較於商業區的業務員，我更容易讓人留下深刻印象，想要「再次聽我說話」。

這意味著，爲了在競爭中勝出，除了「值得信賴的人」這種任何人都想要展現的「印象」之外，再附加其他的「印象」往往會更加順利。

接下來將介紹**除了「工作能力好」之外，其他最好能讓公司的上司與前輩留下的附加印象**。因爲大多數在公司工作的人，都以「工作能力好」的印象爲目標，但光靠這個「印象」不足以展現與同事的差異並脫穎而出。

在此介紹四個建議的附加印象。

①「易於交談的人」

②「接受工作委託不會不耐煩的人」

③「凡事先嘗試看看的人」

④「想在這間公司出人頭地的人」

我最推薦的是「④想在這間公司出人頭地的人」。因爲無論是在我協助的衆多企業還是時代趨勢，「人才流動」都已經成爲主流意見，是一件不足爲奇的事，正因爲在這樣的時代，**展現「想要在這家公司長期工作」的意志相當罕見**，而「想要升遷」等的主體性也容易獲得好評。再者，主管也是人，如果他們覺得「反正這傢伙都會辭職……」說不定就不會積極培養，或是持續給予高品質的機會。

爲了讓周圍的上司、前輩覺得你是「④想在這間公司出人頭地的人」，就試著大聲說出：「我想要升遷！」這麼一來，周圍的人絕對會改變與你相處的方式。

重點

野心也是一種獲得信任的工具。

不想看起來像個路人，就要隨時更新形象

到此為止我已經介紹了策畫自己的方法。創造了自己的「目的」，也決定了自己想給要別人的「印象」，同時還設計了容易辨識這個印象的「言語和行動」。你是否以為，接下來只要重複這樣的言語及行動，這個自我形象就能愈來愈洗鍊呢？

保險起見，我應該告訴你一件事。

其實這個自我形象的策畫，不是只設定一次就結束，需要隨著年齡、職位與價值觀的變化更新。

接下來將根據我們公司所提供的培訓課程中遇到的實際案例進行說明。

A在剛進公司時學會了自我策畫的手法，再加上他個性認真，因此完美設計了自己的印

象及言行舉止。

具體來說，他將想要給予對方的「印象」設定爲「精神飽滿且易於交談」，至於「言行舉止」則是「回應、打招呼的聲音都充滿元氣」「如果有不懂的事情就發問」。

許久未見的A，直到30歲都不斷完美地重複自己設定的自我策畫形象，使其變得愈來愈洗鍊。但**他與優秀商業人士的形象依然差距甚遠……**

A到底發生了什麼事呢……問題出在他都已經30歲了，卻仍保留了異常高度的「新鮮感」，完全感受不到工作多年的「自信」與「經驗」，導致被別人瞧不起。

說得更直白、更不留情一點，那就是他給別人的印象「就像個路人」。

爲了避免這種情形，**請務必隨著年齡、職位、價値觀的變化，不斷更新自我形象**。這當然不是老闆就要「看起來了不起」的直線發想，但老闆在行動時至少必須保持最低限度的威嚴。

爲了便於理解，圖21整理出20～50多歲各年齡層的自我形象需要什麼變化。當然，圖中內容與其說是正確答案，倒不如說僅供參考。

需要的形象當然會隨著追求的職位而改變，有些公司在員工30出頭時，就會要求圖中40

圖21　自我形象隨著年齡而改變

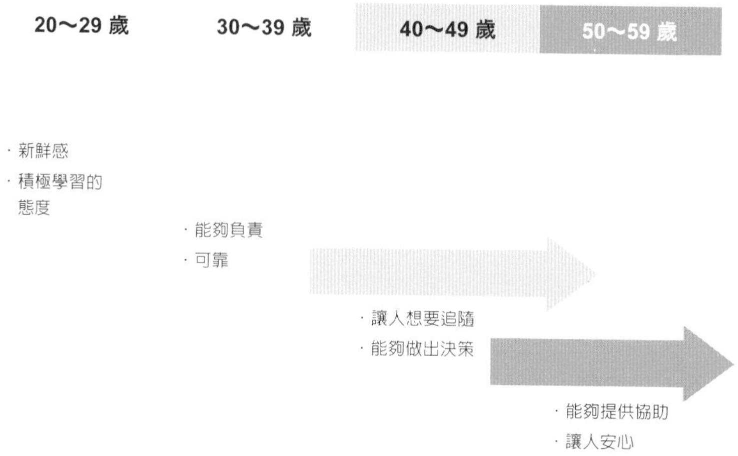

多歲的形象，此外也會有個人差異。

總之，如果不持續有意識地更新，有一天可能就會變成別人眼中的路人，務必小心！

重點

如果不提升自我形象，形象將會隨著年齡而過時。

我身為公司負責人，如何自我策畫？

那麼，持續呼籲自我策畫重要性的負責人中北，又是如何自我策畫的呢？接下來將簡單說明。當然，自我策畫需要隨著年齡更新，因此請注意這只是我現階段的自我策畫。

我給別人什麼樣的印象呢？由於「前喜劇演員」的印象太過強烈，因此無論想要呈現什麼樣的形象，都會被視爲「前喜劇演員」。目前離開搞笑業界已經十二年，給人的印象依然是如此。

別人對於「前喜劇演員」的印象多半是「好像會提供一些有趣的事情」或「眞的了解商業界嗎？」等。

基於風險管理，爲了粉碎「眞的了解商業界嗎？」的質疑，在人前講話的「演講・研習」或是「跑業務的場合」等，我都會穿著「深藍色的雙排扣西裝」搭配「白襯衫」與「深藍色領帶」。

而透過分析發現，我在跑業務時，**只不過是把「深藍色的領帶」換成「黃色領帶」或「紅色領帶」，接單率就會降低20%**。而根據我的假設，接單率降低的原因在於，我給人的印象變得「太像喜劇演員」或是「太過張揚」等，無法抹去「眞的了解商業界嗎？」的質疑。

不過，如果穿著「深藍色的雙排扣西裝」搭配「白襯衫」與「深藍色領帶」去拜訪客戶，可能會辜負客戶「好像會提供一些有趣的事情」的期待，讓他們失望。因此我們公司將名片

設計成與 iPad 一樣都是 B5 大小。

公司所有員工都擁有這種大小的名片，附帶一提，我們公司沒有正常尺寸的名片。

我將這種名片遞給對方時，他們的反應通常有四種模式。

①好大！
②放不進名片夾，或是無法讀進名片系統
③既然這麼大，乾脆在地址處加上裁切線如何？
④（似乎在對自己的部下說）我們公司的名片也做成這種尺寸怎麼樣？

順便說一下，我至今發過數不清的名片，**只有兩個人有這四種模式之外的反應。**

重點

交換名片的場合也是自我策畫的一環。

超一流的準備力與衆不同

至於這兩個人的反應是什麼呢？其中一位是某外資顧問公司的總裁，他年紀輕輕就以驚人的速度飛黃騰達。**他事先把自己的名片放大影印，與我交換了相同大小的名片。**

把自己名片放大影印的創意不用說，這麼做代表他還事先對我進行了調查，知道我會遞給他B5大小的名片，讓我萬分佩服，難怪年紀輕輕就出人頭地。

另一位則是前TBS播報員久米弘。當我受邀參加久米弘的現場直播廣播節目時，先去休息室向他打招呼。當我把名片遞給他時，他用整間休息室都聽得到的聲音大喊：「原來是這招！」

我愣了一下**「這招是哪招……」**但我立刻就理解他爲什麼會說這句話。

那些始終活躍在第一線的人，即使與人打招呼也不是毫無意識，而是預設別人會出招，並且做好接招的準備。一流的人果然不同……

扯得太遠了，如果只是激起對方的這四種反應，只會被認爲是「前喜劇演員」到商場上來「玩耍」，所以我會再補充一段話。

「其實這張名片之所以會這麼大，是行銷的一環。我們公司運用搞笑的要素展開事業，因此對這張名片沒反應的人，恕我們無法提供服務。」

當我這樣告訴客戶時，第1章介紹的「毀滅性思維」就會開始運作，他們會因爲思考「我剛剛的反應是什麼……」「我的反應還可以嗎……」而愣住。

接著我再露出微笑「剛剛您做出了◯◯反應，今天似乎會談得很順利」。

這麼一來，客戶也會彷彿放下心來，鬆開繃緊的神經，商談也能順利進行。附帶一提，若將效果以數字表現，我們公司在創業第一季還沒有這樣的自我策畫，第二季才策畫了這樣的形象，營收也成長了2.5倍。自我策畫的效果就是如此之好。

需要提醒的是，如果目標像我們公司這樣明確，也可能遇到完全無動於衷，彷彿地獄般的尷尬氣氛。

例如，我也曾經在遞給對方大張名片後，對方沒有任何反應，在「沉默」中開始商談，而我因爲無法忍受這樣的「沉默」，而主動開口「名片很大吧？」

除此之外，在社交聚會等場合遞出名片時，有時候也會因爲名片太大而遭到嫌棄「眞礙事」。

更甚者，初次見面的聚會如果是在居酒屋之類的場所，也有人會把收到的名片放在夾菜單的地方而忘了帶走。

類似這樣的慘劇也經常遇到。不過我很快就發現，正因爲目標明確，像這種不把我們當一回事的對象，也沒必要建立關係。

不過，一般上班族可能很難改變名片的尺寸。

如果是這種情況，我建議在名片上加入手寫的訊息。

例如用自來水毛筆寫「麻煩您了！」「很高興見到您！」等，光是寫下具有你風格的訊息也能讓人留下印象。就像寫在星巴克杯子上的那些美好訊息。

只要花點巧思，就能讓普通的交換名片變得與衆不同，請務必試試。

策畫自己獨特的形象，必然有被討厭的風險。但我認爲自我策畫是最棒的技巧，能夠避免自己在人生當中，把時間浪費在沒有必要的人身上。

重點

自我策畫也能節省時間。

第2章總結

1 立刻停止無意義的閒談，這麼做只是在浪費時間。

2 一個人喜歡另一個人的重要因素為「熟悉感」「同類感」「積極感」「主角感」。

3 不擅長自己主動與人交談的人，可以透過縮小範圍的自我介紹，吸引別人來搭話。

4 搞笑的結構是「做球」與「接哏」。

5 把通勤時間變成學習停頓節奏的時間。

6 受到大人物喜愛，成長速度就會大幅加快。

7 低語比大聲說出來更能深入對方的心。

8 根據對象使用「好厲害」「好有趣」「好特別」來附和。

9 累積稱讚的詞語比鑽研稱讚方式更能提振士氣。

10 自我策畫也能節省時間。

第3章

掌握團體場合的溝通

第1章到第2章說明了如何在人數少的場合開始關係。

第3章我希望就**「如何在團體場合開始關係」**進行說明。拿起本書的人，或許也有很多曾經在團體場合中有窒息感，覺得「眞尷尬……」「沒有任何說話的對象……」。此外，還有一些堪稱怪物的人到處現蹤，例如雖然工作沒什麼成果，卻不知爲何只有在聚會之類的場合聲音特別大，或是以近乎職權騷擾或性騷擾的方式與人交流。**我把這種出現各式怪物的聚會稱為「怪物小屋」**。

那麼，什麼樣的團體場合可能變成怪物小屋呢？

①新進員工剛進公司時或調職時的聚會
②聚餐（整個團隊聚餐．年終聚會之類的場合）
③跳槽後的歡迎會
④異業交流會
⑤接待客戶的場合
⑥初次光臨，卻是招待常客的居酒屋

換句話說，就是無論你是否願意，都必須置身於團體之中的場合。又或者只是由「年長者或上司」主導，卻沒有任何目的的團體。

看了①～⑥就會發現，**有「酒精」而且「存在著許多得意忘形老人」的場合就很容易變成怪物小屋**。對於從小就被嘲笑「自我中心」而且還很怕生的我而言，在這樣的團體場合中往往坐立難安。

順便提一下，我認為特別棘手而且沒有意義的團體場合是「④異業交流會」。我記得自己參加時，從頭到尾都沒有可以交談的對象，連呼吸都覺得困難，所以下定決心這輩子都不要再參加了。這種場合的自我介紹多半都是展現自己的公司與頭銜，例如「我是上市公司員工……」「公司的員工人數有……」「擔任業務經理……」等。

每次聽到這樣的自我介紹，我心裡都會想「……所以你是誰？」

我之所以會在團體場合中感到窒息，是因為**「在團體場合中開始關係」比「在人數少的場合開始關係」更加困難**，理由有二。

第一，這種場合混雜了各種不同的參加目的。

第二，團體人數愈多，團體裡的人就愈沒有在聽對方說話。

首先只要理解這兩個原因，就絕對能夠減輕團體場合的窒息感。而且深入理解後，就能獵殺經常出現在團體場合的怪物，創造多數人都能自在愉快的氛圍。

重點

在團體場合開始關係，比在人數少的場合更困難。

先掌握聚餐的目的，氣氛就會熱絡

首先是第一個理由「混雜了各種不同的參加目的」，為了方便浮現具體概念，我以「②聚餐（公司內部）」為例進行解說。

參加者分別抱持著什麼樣的目的參加聚餐呢……我想，先思考如果你自己也參與其中，又是抱持著什麼樣的目的參加再往下讀，應該會更容易想像。

・A：爲了以管理者身分與部下建立關係
・B：爲了在公司內部建立新的人脈
・C：用公司的錢喝酒放鬆
・D：沒有什麼目的，不知爲何在這裡
・E：因爲被要求參加，所以就來了

雖然這不是全部的目的，但許多目的就像這樣混雜在一起。

接著根據時間順序說明，**為什麼混雜了不同目的的人之間無法聊得熱絡**。假設「B・C・D」這三個目的各不相同的人坐在同一桌。

B的目的是「想要新人脈」，所以試著和D與E建立關係。他想必會運用開始關係所需的「笑容」和「發問」等，循序漸進地詢問D與E平常的工作與私人生活吧？

但是D與E並沒有「拓展人脈」的目的，B無法順利與他們聊起來，頂多撐個15分鐘就會冷場。接下來至少一個小時的時間，三個人只能吃著眼前的炸雞度過。

這也是理所當然，**一旦不打算聊天的人加入，「②聚餐（公司內部）」就幾乎不可能成為氣氛熱絡，深化同事間感情的場合**。這點從我還在上班時，爲了防止離職而建立了名爲中北軍團（譯注：作者在上班族時代，爲了防止離職，而爲年輕員工及轉職員工所組織的團隊。本章稍後將介紹更多詳情。）的組織就顯而易見，而從我現在因爲職業關係而提供企業許多研習課程所窺見的背景，也可確認正確無誤。

不過，只要主辦者略施巧計，這個問題就能迎刃而解。

也就是說，爲了鼓勵員工之間建立關係，主辦者應該明確提出「這個聚會的目的是什麼」「希望大家聊什麼」藉此統一參加者的目的。

透過提出和統一目的，就能避免最近經常聽到的年輕員工的抱怨「聚餐很無聊」「不知道參加有什麼意義」。如果統一參加的目的有困難，就需要明確掌握「誰」爲了「什麼目的」參加，並在安排座位等方面下工夫。

當然不需要滔滔不絕地討論嚴肅的目的，但提出「深化感情」「慰勞彼此的努力」等意圖也有好處，這麼一來參加者就更容易根據目的想出閒聊的主題，例如「你這個季度怎麼樣？」等。

如果主辦者沒有明確提出目的，導致聚餐變成像「B．C．D」那樣只是吃炸雞的場合，建議B爲了達成目的立刻離席，並且換到看似目的一致的座位。因爲對B而言，把時間花在對自己不必要的人身上沒有意義。

風險是D與E可能會覺得他很失禮，不過漫無目的參加聚會的人，多半對別人也沒有太大的興趣，我想風險趨近於零，因此請放心。

重點

在乾杯之前自然地說出目的，聚會就能朝向一致的方向。

人們多半不怎麼認真聽別人說話

接著針對第二個理由「**團體人數愈多，團體裡的人就愈沒有在聽對方說話**」進行解說。

在解說之前，我先問大家一個問題。

「你還記得學生時代的校長說過什麼嗎？」

說難聽一點，應該沒有任何人記得吧……？即使有印象，我想頂多也只記得微不足道的小意外，例如校長講話時有隻狗闖入校園。

如果竟然有人記得談話的內容，功勞絕對不是你出色的記憶力，而是校長天才般的表達能力。

附帶一提，我對校長完全沒有任何記憶，甚至懷疑自己讀的國小、國中、高中眞的有校長嗎……

另一方面，如果換個問題「你還記得學生時代的導師說過什麼嗎？」我想記得的人也會變多。因為團體的規模變小，你也理解導師的個性，**能夠意識到他正在「對你」說話，所以更容易留下印象**。

我因為職業的關係，有許多對團體發表談話的機會，例如講座或培訓等。舉例來說，如果是參加人數約三十人的兩小時講座，那麼回收的問卷裡就能看到許多對於演講內容的評論。然而參加人數一旦超過兩百人，問卷中幾乎可說是絕對會出現與演講內容完全無關的，對於外觀的評論。

例如「鏡框是黑色的」「身高很矮」「我覺得打紅色的領帶比較好看」等，這些奇葩評論混入問卷，讓人不禁懷疑「你這兩個小時到底都聽了什麼？」

由此可見，即使想在團體場合開始關係，人數愈多，也愈不會聽對方說話，就如同第1章所介紹的麥拉賓法則所提到的，光靠「視覺資訊：外觀」來判斷的狀況也愈顯著。

既然我們再次理解到「在團體場合開始關係」比在「少人數的場合開始關係」更加困難，那麼我們到底該如何開始關係才好呢？

其實有兩個搞笑技巧在團體場合最能發揮效果。那就是**「戲弄」**與**「回擊」**。應該有很多人都聽過「戲弄」吧？你可以想像成綜藝節目主持人對坐在來賓席上的喜劇演員使用的技巧；至於「回擊」則是來賓席上的喜劇演員面在對主持人的戲弄時所使用的技巧。

附帶一提，「戲弄技巧」最高有五級。第五級是一項**高超的技巧，掌握後不僅能操控自己的印象，還能操控他人的印象**。日後如果有機會再來談談。

接下來將具體解說如何提高團體場合的心理安全性，使其成爲無論對自己還是對別人都容易開始關係的場域。

重點

戲弄與回擊，是適合使用在人多場合的有效技巧。

你可以選擇的角色有四種

為了方便理解，首先假設你是進公司第二年的菜鳥員工。公司的內部聚餐來了大約二十名團隊成員，你雖然與其中幾個人私下去吃過飯，但並非與所有人都有私交，頂多只有遇到時會打招呼。換句話說，**「你尚未與所有團隊成員都開始關係」**。

在這種情況下該如何開始關係呢？你可以選擇的角色有四種。

①戲弄者：用正面的詞語發問或做球把場面炒熱。

②被戲弄者（回擊）：透過言行回應別人的問題或接球把場面炒熱。

③只顧著吃的人：只顧著吃。

④單獨深談的人：與少數人聊一些在衆人面前難以啓齒的敏感話題或煩惱。

大多數的聚餐都是由擔任這四種角色的人組成。而如果有二十個人，在餐廳或活動會場到處都能看到這種由①~④的角色組成的小團體。

這種像變形蟲一樣不規則的團體，頂多只有在「乾杯」的時候才有辦法專注聆聽某個共同話題。

附帶一提，除了①~④之外，看到杯子空了就倒酒的體貼角色也很常見，但在我的書籍中就暫且不提了。

爲什麼暫且不提呢？因爲我接觸過的喜劇演員前輩，沒有人會強迫後輩倒酒。

反之，我還記得前輩對想要倒酒的我發火。

我至今都還記得他訓斥我：「你當喜劇演員不是爲了倒酒，而是爲了搞笑吧？」

有這些優秀的前輩喜劇演員當榜樣，我也不會讓後輩或下屬倒酒。反而我還會幫他們倒酒，問他們：「接下來想喝什麼？」因爲就我的價值觀來看，這樣才是理想中的上司。

另外根據我的經驗，公司裡**愈是被覺得還不夠格的上司或前輩，愈是會毫不收斂地做一**

些對方討厭的行為，例如強迫別人「倒酒」或是對別人「說教」。本章後半將會把他們當成聚餐或職場出沒的怪物一併介紹。

接下來將說明①～④需要的技巧，請各位邊聽邊想像自己想要擔任的角色。首先從說明簡短的③④開始。

重點
了解團體場合的四種角色。

聚餐其實很需要能吃的人

我想有些人聽到「③只顧著吃的人」時，也會疑惑「真的需要這樣的角色嗎？」聚餐的場合乍看之下不需要這樣的角色，然而就如同電視有「大胃王節目」，YouTube有「大胃王頻道」，**絕對有一部分的族群，看別人大吃特吃就會覺得開心或暢快**。

我想你也幾乎能聯想到某個人的表情……「年輕人眞會吃呢！」「平常是不是吃得不夠營養啊？」你在公司裡一定至少認識一位像這種帶著某種濃厚成見的「大叔」。

不知道爲什麼，聚餐幾乎一定會有超過兩個這種泛稱「眞能吃大叔」的人。附帶一提，我也是其中之一。

這種「眞能吃大叔」會邊說著「你很餓吧？」「多吃點！」邊把桌上剩下的食物全部聚集到擔任③的人面前。如果對方吃了很多，他們就會心滿意足，一臉彷彿做了善事的表情，心情愉快地喝著酒。

滿足這些「眞能吃大叔」的需求，不僅更容易開始與大叔之間的關係，還能**從大叔周圍的人獲得開始關係的問題**，例如「你好會吃」或者「是不是曾經從事過什麼運動？」等。

如果你對自己的胃比說話技巧更有自信，只要選擇擔任這個角色就不必開口，光靠吃這個行爲就絕對能夠開始關係。

重點　只顧著吃也能開啓溝通。

不擅長參加聚餐，就切換成單獨深談

有些人聽到「④單獨深談的人」會懷疑在聚餐這種這麼多人參加的場合，「擔任這種角色沒問題嗎？」

結論是沒問題。

因爲公司內部舉辦的聚餐，目的多半是爲了「深化員工之間的感情」，因此將其視爲單獨深談的機會也完全不會有問題。

再者，除了喜劇演員之外，我從來沒看過有人在聚餐時像綜藝節目主持人一樣具備「戲弄技巧」，能夠邊控制場面，邊給予所有參加者發言機會，持續炒熱氣氛。

這代表**在團體裡即使勉為其難加入談話，也幾乎不會輪到你發言，所以就算想要單獨聊天也完全沒有任何問題**。

倒不如說，如果在團體場合覺得不自在，邀請曾經想找他聊聊的「團隊成員、前輩、上司」，在會場的角落開始關係才是上策。不過在擔任這個角色時，必須小心一種人。

那就是在團體場合中，「把沒有與他交談視爲排擠他」的「大叔」。他們會在單獨深談時問你「你要不要來這裡？」「來這裡說吧？」

這些人是泛稱「要不要來這裡大叔」的可憐人，他們雖然是好意，卻因爲太過雞婆而被當成多管閒事。

正當你們單獨聊著「對工作的想法」與「私人話題」聊得正熱烈時，「要不要來這裡大叔」就會大聲地跑來問你們：「要不要來這裡和大家一起聊？」

「要不要來這裡大叔」用充滿善意的眼神看著聊天的自己，拒絕他的難度可說是非比尋常。而且如果拒絕他，「要不要來這裡大叔」就會把「他是不是不想說話……」的多餘煩惱帶回辦公室。

爲了避免帶給他不必要的煩惱，**請先加上一句「我們也聊得正開心呢！」再拒絕他**。不能刻薄回應「要不要來這裡大叔」充滿善意的眼神。他們只是比一般人不懂得察言觀色。

重點

聚餐不一定要圍成一圈說話。

「戲弄」別人時請使用正面的語言

到此爲止，已經針對相對容易擔任的③與④進行說明。那麼接下來再度針對「①戲弄者」與「②被戲弄者（回擊）」進行解說。爲了理解戲弄者的角色，必須先理解喜劇演員使用的「戲弄技巧」。

附帶一提，除了喜劇演員之外，也有人認爲「自己擅長戲弄」。我到目前爲止見識過許多**「自稱擅長戲弄」**的人。他們主張「我透過戲弄讓團隊成員更活躍」「如果不像這樣戲弄他，他就完全沒有特色了」等。

說實話，**這種戲弄不要說帶來笑聲了，而且還只會對「被戲弄者」造成傷害**。

尤其愈是自認爲「擅長戲弄」，愈有可能因爲缺乏對被戲弄者的顧慮，導致「職權騷擾」或「性騷擾」等嚴重後果。請立刻停止這種行爲，因爲沒有人會從中受益。

那麼，無論是「自稱擅長戲弄的人」，還是「接下來才要學習戲弄技巧的人」，該怎麼做才能善用「戲弄技巧」建立心理安全感，營造容易開始關係，讓人覺得愉快的氛圍呢？

回答之前，我想先解釋一下「戲弄」到底是什麼樣的行爲。

圖22◆所謂的「戲弄」

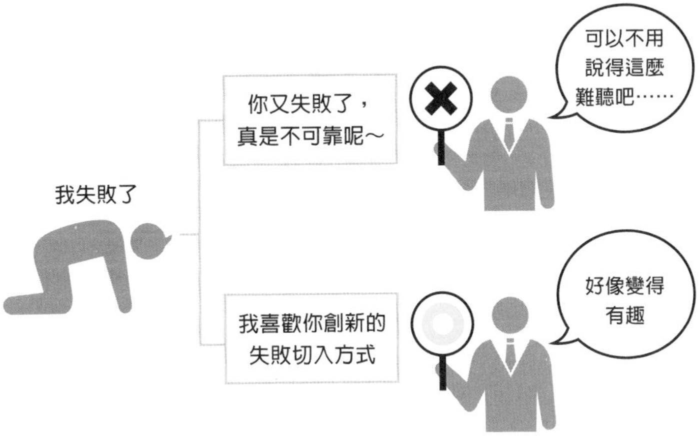
我失敗了
你又失敗了，
真是不可靠呢～
可以不用
說得這麼
難聽吧……
我喜歡你創新的
失敗切入方式
好像變得
有趣

舉例來說，假設A在工作中發生失誤，而擔任「戲弄者」的前輩拿A來取笑「你又失敗了，眞是不可靠呢～」這麼一來A當然會受傷。第2章也提過，**周圍的人聽到負面的語言也會導致整個團隊關係惡化，工作表現變差，只有這點絕對不能忘記。**

反之，如果擔任「戲弄者」的上司或前輩使用正面語言戲弄A的失敗，例如「我喜歡你創新的失敗切入方式」不只能夠增進與A本人的關係，也能增進整個團隊的關係。此外，也**因為打造出不追究失敗的文化，進而把辦公室轉變為心理安全性高，能夠挑戰的環境。**

爲什麼很多人都把取笑對方的行爲視爲「戲弄」呢？因爲他們只從表面去理解電視節目等的主持人透過「調侃」或「貶低」坐在來

賓席上的喜劇演員，進而產生笑料的行爲，並且有樣學樣地實行。

重點

九成人的戲弄是「職權騷擾」。

一般人的「戲弄」與喜劇演員運用的「戲弄」目的不同

接下來將具體說明一般人的「戲弄」與喜劇演員使用的「戲弄」有什麼不同。

一般人在「戲弄」時，往往是**為了「誇耀自己的力量」**或**「取笑對方」**，而且多半成爲戲弄者展現優越感的行爲。因此被戲弄者會被這種思慮不周的行爲傷害。

反之，喜劇演員「戲弄」時，則是**「出於對對方的敬意，因為喜歡對方而讓他變成笑點」**。爲什麼會這麼說呢？假設他們與討厭的喜劇演員上同一個節目，那麼因爲討厭對方

圖23◆一般人的「戲弄」與喜劇演員使用的「戲弄」之間的差異

一般人的「戲弄」	喜劇演員的「戲弄」
誇耀自己力量的言行，這當中沒有愛。是取笑其他人以展現自我優越感的行為。	抱持著對對方的敬意，因為喜歡對方所以這麼做。所有的戲弄都是為了「搞笑」。

而戲弄他、把他變成笑料，只會增加他上鏡頭的機會。這就相當於討厭對方卻幫助他走紅。那麼該怎麼做呢？**如果討厭對方就不應該戲弄他，而是要忽略他。**

至於坐在來賓席上「被戲弄」的喜劇演員，則多半很崇拜主持人，舉例來說，如果被DOWN TOWN的濱田雅功吐槽拍頭，喜劇演員都會很開心，由此可知，喜劇演員與主持人之間已經建立了被戲弄會感到開心的關係。

換句話說，一般人的「戲弄」與喜劇演員使用的「戲弄」在技巧方面姑且不論，目的本身就不一樣。而且我們必須理解，喜劇演員之間已經建立的不管被說什麼或做什麼都會感到開心的關係。

在理解了目的與關係建立的差異之後，「戲弄者」該怎麼做才能在聚餐營造心理安全感高、容易開始關係的氣氛呢？接下來將針對具體技巧進行說明。

重點

不能參考電視上的戲弄。

轉換成正面的語言以降低風險

戲弄有個前提，那就是在職場上擔任「戲弄者」的人，通常職位較高或年齡較長，他們會對部下或立場較弱的人進行戲弄。因此如果使用了負面語言，「戲弄」就伴隨著職權騷擾之類的重大風險。

或許也有人覺得「不，我平常就建立了關係……」，但無論關係多好，**如果對方不巧因為私生活或職場中發生的事情而狀況不佳**，例如「剛與情人分手……」「因爲健康狀況不佳而精神衰弱……」「從其他人那裡得到毀滅性的意見……」等，**就存在著無數受到傷**

害的風險。

你認爲在這種情況下「貶低別人來嘲笑」有意義嗎？

我認爲**撲滅這樣的行為，才是對組織有利且合理的想法**。

這意味著我們爲了減輕風險，避免對方受到傷害，營造容易開始關係的愉快氣氛，必須學會運用正面語言的嶄新「戲弄技巧」。

除了「搞笑機制」介紹的基本搞笑手法外，還存在著許多不同的搞笑手法。

舉例來說有哪些手法呢？接下來簡單介紹三個。

①「自嘲：貶低自己」

使用這種自嘲的手法在職場上是家常便飯，經常可以看到。當上司等立場的人自嘲時，經常會瀰漫著「現在該笑嗎？」的氣氛，因此露出禮貌性微笑的情況占多數。不過，如果自嘲的內容適當，就能夠緩解緊張感，給人一種好相處的上司形象，因此在職場上也是有效方法。

②「炸蝦飯：重複使用引人發笑的內容」

想必也有很多人在不自覺中使用這種炸蝦飯的技巧吧？這是漫才或短劇等，在不同時間點重複使用引人發笑的詞語，藉此再度引起笑聲的手法。在聚餐等場合，除了自己的發言之外，也可以記住對方說過的好笑詞語，並借用這個詞語來引人發笑。這個方法在職場上也非常有效。

③「出人意表：說出與預期相反的話」

事實上，這個「出人意表」的搞笑手法，正是讓正面詞語也能帶來笑聲的機制。舉例來說，當別人冷場時，在過去的文化中都是透過貶低對方「好冷喔」來轉化為笑料。如果以「搞笑機制」來看，原本的「冷場」就會成為「做球」。

這時如果用「剛才表現100分」這種完全相反的正面語言來取代「好冷喔」，就能夠產生笑料。

由此可知，在聚餐時可透過使用①～③的技巧來戲弄參加的人，炒熱現場氣氛，營造出容易開始關係的氛圍。我想有些人會覺得只聽這樣的說明也不知道該如何使用，因此我在圖

圖24◆避免傷害別人的「戲弄」用語速查表

常見狀況	NG例	Good例
聲音小的人	‧聲音太小 ‧聽不見	‧聲音好輕 ‧聲音好細
聲音大的人	‧聲音太大 ‧好吵	‧不用那麼大聲我也聽得到喔！ ‧你是在向巨蛋二樓的觀眾喊話嗎？
發言不知所云的人	‧聽不懂你在說什麼 ‧不知道是什麼意思	‧後半段好像被打馬賽克了 ‧你是在打禪嗎？
滔滔不絕的人	‧你說太久了 ‧這個話題該停了吧	‧怎麼了？過去曾經有過什麼不好的經驗嗎？ ‧（只記住最一開始的單字）我只聽得懂○○
冷場的人	‧好冷喔 ‧不好笑	‧如果換個時代應該會大爆笑吧！ ‧雖然我覺得好笑啦！ ‧沒問題的！我一定會笑
聚餐時不說話的人	‧你是來幹嘛的？ ‧為什麼不說話？	‧你還好嗎？有在呼吸嗎？ ‧抱歉，因為有我在所以不想說話吧？

24列出了一些不會傷害他人的戲弄詞語。

圖24提供了「常見狀況」使用的「NG例」，以及該如何轉換才能營造容易開始關係「Good例」。

「戲弄技巧」是一種鼓勵對方發言，並且對這個發言使用的技巧，因此「戲弄者」的特色是冷場的風險較低。另一方面，我要再次強調，戲弄隱藏著傷害別人的風險，千萬要謹慎使用。

我挑了兩個不只在聚餐時，就連在日常工作中也容易使用的技巧介紹給各位。

・發言不知所云的人→**後半段好像被打馬賽克了**

無論是聚餐還是日常工作，各位想必都有過「最後還是聽不懂對方在說什麼」的經驗吧？

我想多數人在這種時候，都會學喜劇演員說「喂，你到底在說什麼啊？」但你們彼此都不是喜劇演員，**「喂，你到底在說什麼啊？」**聽起來只會覺得刺耳。

這時最好用聽起來稍微柔和一點的詞語提醒他，這麼一來對方比較容易聽進去，再說一次的時候也能更冷靜地組織語言。

・冷場的人→**如果換個時代應該會大爆笑吧！**

有些人即使沒有被「戲弄者」點到，依然想要裝傻、出風頭。

這些人最通俗易懂的經典台詞是「我在讀大學的時候，就參加過M1預賽」之類的，他們具有自我主張，想要把只要報名就能參加的比賽，說得好像自己是實力派一樣。

他們的特徵是太賣力搞笑，用可能會冷場的「停頓」與「節奏」開場，展開鋪太多哏的難笑發言。

爲了不讓這些人的「主動性」與「勇氣」白白浪費，至少該給他們一些「附和」與「笑容」，發出笑聲一掃冷場氣氛。如此一來，我想那位鼓起勇氣說笑的人也會在日後對你說「那天謝謝你幫忙……」，這樣的對話就彷彿菜鳥喜劇演員現場演出的一景。

當然，圖24所寫的並不是唯一的正確答案，重要的是在自己腦中儲存那些能夠逗人發笑、激勵對方士氣、炒熱氣氛的詞語，並且在聚餐或辦公室將這些詞語拿出來用。這麼一來，大家也自然會聚集到你的周圍。

爲什麼大家會聚集過來呢？這是因爲「戲弄技巧」的眞正意義。關於這點可以用志村健的話來說明。

志村健說：**「我覺得搞笑基本上是一件溫暖的事情。」**

我也打從心底這麼想。思考該怎麼做才能讓人露出笑容，這樣的行爲怎麼可能不溫暖、不溫柔。而人們聚集到溫暖的地方，也是理所當然。

請務必改寫那些因為錯誤認知而變成「找麻煩」或「霸凌」的行為。並發揮原本的「戲弄技巧」，營造心理安全感高、溫暖人心的聚餐氛圍。如此一來，聚餐絕對能夠脫胎換骨，變成愉快的場合。

重點

真正的「戲弄」能夠提高心理安全感。

「被戲弄」需要天分

最後說明的是「②被戲弄者（反擊）」。爲什麼把「②被戲弄者（反擊）」放在最後呢？因爲這個角色需要的是「天分」而不是「技巧」。

附帶一提，現在在許多節目中擔任主持人的有吉弘行，其實說過：「我原本想扮演『被戲弄者』的角色，並以此爲目標展開活動，但後來發現這個角色不適合我。」

當我提到這件事時，幾乎所有人都會疑惑「爲什麼想成爲『被戲弄者』呢……」因爲現況是，當我在演講時問大家「你想成爲『戲弄者』還是『被戲弄者』」大多數人都會回答「戲弄者」。

其實在聚餐或是與客戶打交道等開始商務關係的場合，**「被戲弄者」存在著壓倒性的優勢**。請你想像周遭「容易被戲弄的人」，你一定會覺得「好羨慕……」。

具體來說，有哪些優勢呢？

①不會讓對方感到緊張
②對方容易主動攀談
③由於對方沒有防備心理，更容易套出真實想法
④因為容易被「小看」，即使不開始關係也立刻能夠分辨誰才是好的生意夥伴

即使不勉強自己開始關係，對方也經常會提出開始關係的問題。此外，也因爲具有容易對被對方小看的傾向，就算不與對方往來，也能夠立刻分辨出好的生意夥伴。

再加上「被戲弄者」是在回應對方的「戲弄」，因此**不會「傷害對方」或是「對關係造成不良影響」，所以和「戲弄者」不同，幾乎不需要背負風險**。

偶爾會遇到的風險舉例來說，可能會遭「自稱擅長戲弄」的白目人對周圍散播「不好笑」等印象，但是不需要在意。「自稱擅長戲弄」的人本來就會被周遭的人討厭，不要管他就好。

接下來想談談「被戲弄者」應該具備的「回擊技巧」。正如我在前文提到的，要扮演好「被戲弄角色」，需要一些天分。

舉例來說需要什麼樣的天分才能成爲「容易戲弄的角色」呢？具體而言，就是要具備容易戲弄的「外表」「氣質」與「說話內容」。如果想要更具體一點的想像，可以想想那些扮演「被戲弄者」的喜劇演員。

除了這些天分之外，還需要能夠讓周圍的人覺得「有趣」而不是「被霸凌」的天分才能勝任。

不過，即使不具備這樣的天分，還是有機會在聚餐或職場等商務場合擔任「被戲弄者」。**光是身為「新進／菜鳥員工」就有可能承擔起「被戲弄者」的任務**。

無論是預料到不管自己是否願意都必須擔任這個角色而想要學習的人，還是想要利用「被戲弄者」的角色獲得好處的人，只要事先學會「回擊的技巧」就能夠放心。

我想一定有些人覺得，只因爲我是「新進／菜鳥員工」就被戲弄，眞的很煩……我想這些人只要學會「回擊技巧」，體驗到自己「回擊」的發言能夠控制場面的成就感，心情就能稍微輕鬆一點。

接下來，就具體爲大家介紹一些「回擊的技巧」吧！

重點

新進/菜鳥員工應該學會被戲弄的技巧。

「回擊」只要有三種就夠了

事實上，根據我的經驗，一般在商業場合使用的戲弄歸納起來大致只有三種，因此準備的「回擊」也同樣三種就夠了。

①調侃式戲弄

指的是貶低對方，給予對方「沒用」或「不好笑」等印象的戲弄。此外關於「外表」的戲弄也很常見。這就是前面提過的，一般人對於「戲弄」的印象的元凶。

如果被這樣「戲弄」真的感到不舒服，我想可以給對方一個**「打從心底覺得厭惡」**的眼神。前提是不需要勉強回應。

不過，好心腸的你也可能扛下「必須說點什麼……」的責任，這時候可以使用一種叫作「重複式回擊」的技巧。

只要在對方「戲弄」的語句前面加上「你說誰」，並且稍微提高音量重複，就足以構成「回擊」。「戲弄者」也想不到會被如此漂亮的**「回擊」**吧？一般的「戲弄者」通常料不到會被回擊，因此他們除了驚訝之外，也一定會覺得你「眞不簡單……」。

②無聊的戲弄

指的是讓人忍不住想問「你到底想說什麼……」的無聊戲弄。例如「你今天吃鰻魚啊？眞有錢呢~」這種戲弄無聊到連「被戲弄者」都不知道該如何反應，可有可無，沒有任何記憶點。

但這種無聊的「戲弄」多半出於「戲弄者」的顧慮，舉例來說，經常都是基於對聚餐氣氛的考量，覺得「我如果不說點什麼開啓關係的內容，氣氛就會變得沉默尷尬……」，因此身爲「被戲弄者」最好回應這樣的戲弄。而對於這種戲弄，可以使用**「類比式回擊」**的技術。

如果以「就像○○一樣」來回應對方無聊、缺乏亮點的「戲弄」，就能產生笑果。

圖25 對於「戲弄」的「回擊」有三種

戲弄的種類	具體的戲弄	回擊的種類	具體的回擊
調侃式戲弄	貶低對方，給予對方「沒用」或「不好笑」等印象的戲弄。 ex.你好無聊。	「重複式回擊」	「你說誰」好無聊
無聊的戲弄	讓人忍不住想問「你到底想說什麼……」的無聊戲弄。 ex.你今天吃鰻魚啊？真有錢呢～	「類比式回擊」	不要說我「像○○」啦！
毫無道理的戲弄	提出毫無道理的要求，讓人不悅地覺得「這個人是怎麼回事……」。 ex.說點有趣的內容吧！	「配合式回擊」	說些什麼「停頓2秒後」再說「喂！」

附帶一提，類比所需的技巧，就是聯想到有共同認知的事物。舉例來說，聽到例子中的「有錢」，可以聯想到哪些有共同認知的事物呢？或許會想到伊隆．馬斯克、企業總裁或名媛藝人吧？

請透過這樣的類比，捕捉「戲弄者」非常難以理解的善意，創造笑聲吧！如此一來，這個場合的功勞就會全都在你身上。

③毫無道理的戲弄

我對最後這種戲弄很棘手，因為會這樣戲弄的人，多半很失禮。

附帶一提，我剛從喜劇演員轉行成為上班族時，經常遇到這種「毫無道理的戲弄」，真的很煩人。例如「既然你曾經是喜劇演員，就來點有趣的內容吧！」等。我不知道有多少次咬牙切齒地想「這傢伙是不是把自己當國王……」。

當時我就是想要把氣氛弄僵，所以我的回擊是「你開的玩笑爛透了！」

再附帶提一下，現在很偶爾也會遇到在演講前先說「那就開始一場爆笑的講座吧……」再把麥克風遞給我的人。當時我雖然笑著回答**「難度太高了啦，我把難度調低一點再開始」**，但每次聽到這樣的戲弄我都會打冷顫。

回到原本的話題，像這種「毫無道理的戲弄」基本上都很失禮，我覺得可以忽視，但為了保險起見，我還是向大家介紹一種叫作**「配合式回擊」**的技巧。不過，我雖然介紹了，卻不太建議使用，這是有原因的。

因為一旦遭受「毫無道理的戲弄」，那就不管做什麼都很難引人發笑。

理由是「毫無道理的戲弄」，完全無法對應到第2章搞笑機制中介紹的「做球」或「接哏」的結構，所以就算回應也必須以「冷場」為前提進行對話，真是糟透了……

因此「配合式回擊」的技術最重要的，不是對「毫無道理的戲弄」做什麼或回應什麼，而是冷場後的行動。

那麼，冷場之後該怎麼做才好呢？為了方便具體想像，我以喜劇演員為例來介紹。

各位知道UNJASH的兒島一哉嗎？當兒島遭受「毫無道理的戲弄」時，他會**先裝忙，**

停頓兩秒後才大聲說「喂！」。

這一連串行動其實包含了專業技巧，那就是「停頓兩秒鐘」。為什麼需要「停頓兩秒鐘」呢？有兩個理由。

那就是在說「喂！」之前需要「①吸引注意力」以及「②冷場」。尤其需要強韌抗壓性的部分是在「裝忙」時，會場會有點騷動，因此氣氛會變得難以緊張與緩和，接著再**透過②的完全冷場讓氣氛自然變得容易引人發笑**。

這就是「配合式回擊」的技術。當然，專業喜劇演員之間「毫無道理的戲弄」，都是設計好的搞笑段子。可想而知在一般場合執行更加困難，非常痛苦。

附帶一提，我不具備「配合式回擊」的技巧與抗壓性。你在運用時也請仔細閱讀注意事項。

重點

對於戲弄的回擊只要有三種就夠了。

如果討厭，就擺脫「被戲弄者的人設」

到此為止，我們已經討論了①到④的角色。不過請讓我再次強調，擔任「被戲弄者」時尤其必須注意，理由雖然已經提過了，但還是要再次提醒，不需要覺得**「自己必須承擔這個角色」**。

因為被戲弄者雖然不情願，仍可能陷入「不得不承擔」的境地。但如果真的討厭，不能夠勉強自己。

我想你或許會因為「我可能會把氣氛搞僵……」「說不定會被討厭……」之類的情緒在腦海中轉個不停，最後勉強自己承擔。但不勉強自己也沒關係。

那些進行「調侃式戲弄」或「毫無道理的戲弄」的人，並非具有搞笑品味。而像這樣的「戲弄者」，絕對無法客觀看待自己，也跟不上時代的腳步。升遷的可能性顯然很低。你不需要與他們打交道，也不需要討他們喜歡。

如果你一直以來都勉強自己，請無視那些「戲弄者」的無聊發言，和我一起乾脆地打破公司文化吧！別擔心，我會支持你。

重點

忽視也沒關係。

發言具攻擊性的上司，就用球棒打他的小腿吧！

當我說「一起打破公司文化」時，有些人或許會想「難道你有過這樣的經驗？」機會難得，就來介紹兩個我乾脆地打破公司文化的實際故事。

①我制定了一條規則，如果上司或前輩在聚餐時說出攻擊性言論，就用球棒打他們的小腿。

②為了公司福利，我成立了「中北軍團」。

首先就從「①我制定了一條規則，如果上司或前輩在聚餐時說出攻擊性言論，就用球棒打他們的小腿。」開始說起。

我不再當喜劇演員後，跳槽到一家公司，當時的離職率非常高。由於工作非常要求專業性，因此職場太過嚴格，到處都能聽到椎心般的批評，動不動就會看到年輕員工哭著跑去廁所的身影。

「聚會」時自動分配角色，「戲弄者」是做出成果的前輩，「被戲弄者」則是沒什麼成果的後輩。「你太小看工作了」「要更認眞一點」等，不具任何參考性的精神喊話被藉著酒意說出來，沒有任何一位年輕員工能夠愉快聚餐。**年輕員工參加愈多次聚餐，就愈厭惡公司的前輩和上司，這樣的負面循環正高速旋轉。**

我記得剛從喜劇演員轉行的我，成爲精神論蠢蛋的絕佳獵物，遭到砲火猛烈的抨擊。當然，我至今仍記得自己爲了忘掉憤怒，在當天晚上拿出筆記本，用馬克筆粗的那頭大大地寫下精神論蠢蛋的名字。

爲了避免誤解，我必須說明，我在27歲時從喜劇演員轉行，當了約六年的上班族後成立公司，培養了足以雇用數名員工的實力，都是這家公司的功勞。這家公司其實非常優秀。而且我還談了一段辦公室戀情並修成正果，所以也在這家公司找到了結婚對象。就這層意義來說也是最棒的公司，我由衷地感謝！

回到原本的話題，怒火中燒的我，爲了改變這樣的「聚會」，在全公司會議中提出建議。我先表達了自己對現狀不滿，分享「聚會」該有的樣貌，並制定了聚會的規則。

這條規則是……

用彩色球棒打發言具攻擊性的上司和前輩的小腿。

爲什麼會有這樣的規則呢？即使爲了營造心理安全感而制定「上司和前輩應該停止嚴厲的發言，溫柔對待後輩或下屬」的規則，如果氣氛變得難以讓上司或前輩開口也沒有意義。換句話說，除非上司與團隊成員都玩得開心，就無法產生原本的心理安全感。

因此，如果像跨年節目《禁止笑場》一樣，用彩色球棒敲打發言具攻擊性的上司或前輩的小腿，就會變成笑料，把氣氛炒熱。而即使團隊成員遭到上司與前輩說了攻擊性言論，也不會只是煩惱「好難過……好痛苦……」，也更容易以有趣而非告狀的口吻對周圍的人說「○○前輩對我說了○○！」

附帶一提，爲什麼是「小腿」而不是「屁股」呢？先不論我的個性很差，眞正的疼痛時「好痛！」的反應，比做效果更有趣，也更容易帶來歡笑。

設定了這個有趣的規則後，團隊成員就不再因爲參加「聚餐」而對上司和前輩產生反感，「聚餐」也有了180度的大轉變，**成為「深化員工感情的契機」，找回了原本的目的。**

最後，現在回過頭來看，就會清楚發現包含願意採用這條規則的公司在內，上司和前輩原本都是寬宏大量的人，我會帶著感謝的意味，將他們的名字從筆記本上畫掉。

重點

試著制定一條讓上司和部下都覺得有趣的規則。

「中北軍團」如何做到離職率0%？

接下來針對「②爲了公司福利，我成立了中北軍團。」這點進行說明。不過，我想光看文字也搞不清楚是什麼意思，首先就從「中北軍團」的由來開始說明。

我從喜劇演員轉行的公司由於要求工作的專業性，儘管能夠帶來成就感，卻存在一些讓人工作起來不太順暢的部分。

例如，缺乏成果的年輕員工與跳槽過來的員工，抱持著**「無法輕鬆與上司和前輩討論」**

「很難融入辦公室」「沒有能夠信賴的同事」等煩惱，我爲了改善這種情況而採取行動。

而我採取的行動，就是建立了一個名爲「中北軍團」的組織。

「中北軍團」的名稱模仿自一個喜劇演員組織，我曾想過如果自己走紅了，一定要建立這樣的團體。這個組織是「龍兵會」，以鮀鳥俱樂部的上島龍兵爲首，有吉弘行、土田晃之、劇團一人等現在已經成爲電視明星的傑出喜劇演員都曾是會員。

我基於對他們的崇拜而建立的中北軍團，因此要求團員稱我爲「老大」，邀請同事加入軍團的開場白也是「差不多該叫我老大了吧？」眞是令人羞愧至極……

那麼，不吝稱呼我爲「老大」的中北軍團，究竟有著「什麼樣的願景」，從事「什麼樣的活動」呢？

①中北軍團的願景

軍團打著「成爲公司新的福利制度」起家。大型企業通常會提供「租屋補助」或「員工餐廳」等福利制度以建立易於工作的環境。而中北軍團的目標也同樣是營造舒適的工作環境。

②中北軍團的主要活動

無法融入辦公室、尚未做出成果的年輕員工及跳槽而來的員工，就是中北軍團的成員，軍團代表他們在公司內開始關係，成爲他們的容身之處。爲大家介紹三個建立容身之處的主要具體活動。

1. 每個月舉辦一次聚餐，結交能夠說心裡話的同事。
2. 讓全公司認識這些成員的「個性」，協助他們建立人脈。
3. 與管理階層分享成員的狀況。

其中又以「每個月舉辦一次聚餐，結交能夠說心裡話的同事」辦得最爲用心。因爲將職場上沒有取得成果的人集合在一起「聚餐」，往往會成爲抱怨大會。即使吃吃喝喝很開心，也頂多只能讓人喘口氣，沒有解決任何工作上的問題。因此中北軍團的聚餐爲了將效果極大化而運用了三項技巧。

①分享最近有成就感的工作

如果置身於做不出成果的狀況，就會變得很難有「成就感」。如此一來，「對公司的不滿」就會逐漸累積，對自己的存在價值產生懷疑，進而陷入自我否定的思維，例如「留在這裡眞的好嗎……」。因此，除了最後的成果之外，也會從工作過程中找出「成就感」。

②尋找上司和前輩的優點

如果平常不斷地遭到提醒與指教，就算知道主動與上司或前輩溝通比較好，也會因爲心理上的障礙而無法輕易找他們商量。**這麼一來當然容易發生溝通不良的狀況，導致更加做不出成果。**

因此尋找上司和前輩的優點也是爲了跨越心理障礙，這麼一來障礙就會愈來愈低，逐漸發現「對方或許是個不錯的人，可以更輕鬆地和他聊聊……」不過也存在那種沒有任何優點的怪物上司，因此必須注意。

③彼此告訴對方三個優點與一個需要改進的部分

如果只是彼此互相稱讚，就會變得像是互舔傷口。再者，沒有任何改善方案就回到工作崗位，只能暫時提升士氣，沒有任何意義。所以，也可以請已經建立關係的同事告訴自己「需要改進的部分」。

再加上很多人都已經失去自信，因此也請同事重新說出三個自己的優點與強項，激發對工作的熱情。

隨著「聚餐」的次數增加，我與軍團成員逐漸建立關係，也逐漸能夠理解他們在職場上無法或沒有機會展現的「個性」。

我將這些「個性」中，似乎能夠在職場上討人喜歡的部分，介紹給前輩與上司。換句話說就是製作使用手冊，並將其應用到辦公室裡，如此一來，上司與前輩就能毫無風險地開始關係，而軍團成員也不會受到委屈。

此外，「聚餐」次數增加後，也能如實掌握軍團成員的狀態。具體來說有兩個評估方法。

第一個是「①分享最近有成就感的工作」，這時就會出現沒什麼事情可以分享的軍團成員。理由多半是**「缺乏新的挑戰」「只做交辦事項」**等，無法感受到成長的狀況。

第二個是「②尋找上司和前輩的優點」，這時也會出現只說得出壞話的軍團成員。就算問他「應該還是有優點吧？」也只會讓「聚餐」籠罩著一股尷尬無言的氣氛，幾乎只能聽見空調運轉的聲音。原因很簡單，通常是**「和上司處不來」「精神壓力太大，所以光想就討厭」**等，這是相當不健全的狀態。

我不只是像這樣掌握狀態，**將資訊提供給管理階級，還提出改善方案，以建立「工作成就感」與「易於工作的環境」**。

透過這些活動，「中北軍團」得以在成立後的三年來達成離職率0％的目標。

軍團成立的時候，我剛從喜劇演員轉行第二年，連成果也沒有。我成立「中北軍團」一方面是意識到年輕員工與跳槽而來的員工的離職問題，另一方面也是基於不純的動機，我只是嚮往「龍兵會」，想要「扮演老大」……

我腦中可以想到千百個阻止這項行動的理由，例如「我怎麼有資格……」。但我相信，只要認眞爲組織思考，討論想法、採取行動，公司文化是可以打破的。

不妨試著建立一個以你爲名的「〇〇軍團」吧！絕對會有想要稱呼你爲「老大」或「大姊頭」的人。你絕對辦得到！

重點

只要認真討論想法、採取行動，就能改變公司。

收集怪物圖鑑吧！

到此為止，我們已經介紹了如何在團體場合「開始關係」。不過**在「聚餐」場合中遇到的不會都是「好人」**。因為很多人在酒精的催化下，理智被拋到九霄雲外，各式各樣的怪物於是現身，導致聚餐經常變成「怪物小屋」。

如果在「怪物小屋」般的餐會上遇到「怪物」，該採取什麼樣的「對策」呢？

「對策」的種類依怪物而異，例如「最好立刻逃跑」「主動攻擊」「減少傷害」等。接著就讓我們學習各種怪物的「生態」吧！

此外，倘若你自己也會變成「怪物」，請仔細閱讀「生態」，並透過喝下酒席上的聖水（白開水）來改善狀況。

至於對「聚餐」或「怪物」感到棘手的人，請**抱持著遇到新種類反而開心的輕鬆的心態收集怪物圖鑑吧！**

那麼，聚餐時出現的「怪物」到底有哪些種類呢？出現的「怪物」大致可分為六大類。

而再將這六大類細分，大約就有十二種怪物。其中絕對有你曾經遇過的。

我整理了一份攜帶型怪物一覽表，如圖26所示，這份一覽表也可當成收集清單，希望它能成爲你的強大後盾。請搭配說明文字一起愉快閱讀，或許你就會發現「曾經遇過的怪物」或是「原來還有這樣的怪物」等。

職權騷擾類怪物

①說教怪物：有害度（高）

生態：藉著酒意開始說教。多數情況下不在意說教的對象。問題在於說教後也不會記得，或是誤以爲自己做了一件大善事。

對策：「逃跑」是唯一對策。就算聽他說，也因爲喝醉了而不會提到改善策略，變成永遠都在聽同一件事情。只會讓自己情緒變差，浪費時間。

類別	怪物	有害度	生態／對策
尊重需求類怪物	⑦ 我很有趣怪物 	低	生態：對話全部都以「有趣」「無趣」來評斷。動不動就問人家「這句話的哏呢？」但他自己說話的內容既沒哏又無聊。 對策：只要說他「有趣」或「放聲大笑」即可。或者像是玩「太鼓達人」一樣，有節奏的附和即可。
	⑧ 沒自信怪物 	低	生態：不管對誰都說「我沒自信……」雖然尋求建議，但是不會實行。對話的唯一題材就是跟別人說「我沒自信」。只是一種讓人擔心的怪物。 對策：陪伴他們只是浪費時間，因此他們的話只要聽一半，並且不斷地適時附和「你做得到！」即可。
	⑨ 沒成果卻很殷勤怪物 	低	生態：平常沒什麼成果，只有聚餐時特別殷勤，似乎把聚餐當成表現的機會。會自動自發地「撤下盤子」「點餐」「倒酒」等。 對策：年輕員工如果對這樣的行為不聞不問，會有「惹怒」他們的風險，請在去廁所等的時候「道謝」或是稱讚他們「這麼體貼好厲害」等。
創業類怪物	⑩ 我想創業怪物 	低	生態：總是說自己「想要創業」「只會在這家公司再待三年」等，好像再過不久就會離開公司一樣，但實際上不僅沒有創業，還在公司待得比誰都久。 對策：只要聽他們說話就夠了。必須注意，如果問他們「具體來說是什麼樣的事業？」「準備什麼時候創業？」等具體問題，將導致他們停止思考。
強風類怪物	⑪ 來續攤怪物 	中	生態：無論如何都想把人拉去第二攤。不管對方是否有意願，都會盡全力邀請。不過去了也沒什麼特別想聊的內容，把人拉去第二攤是他們的目的。 對策：如果不想去就「拒絕」。拒絕不會對工作產生任何影響。如果想去就去。不要隨波逐流，拿出自己的意志。
	⑫ 端出前輩架子怪物 	高	生態：要求別人使用敬語、多用心一點。對於禮貌特別敏感必嚴厲提醒。不過，即使主動約幾個人聚餐，也不論自己輩分高出許多，餐費依然採取均攤方式，或是頂多多付個一兩百。 對策：不要加入對方約的少人聚餐。如果無論如何都必須去，請視為基於禮貌的修行。

圖26◆聚餐現場出沒的「怪物」清單

<table>
<tr><td rowspan="2">職權騷擾類怪物</td><td>① 說教怪物

有害度 高</td><td>生態：藉著酒意開始說教。多數情況下不在意說教的對象。
對策：「逃跑」是唯一對策。就算聽他說，也因為喝醉了，不會提到改善策略，聽了也沒意義。</td></tr>
<tr><td>② 勸酒怪物

有害度 高</td><td>生態：強迫對方「喝酒」「倒酒」。他們會用「喝多酒量就會變好」當理由進攻，但是酒量變好也不會有任何好處。
對策：「逃跑」是唯一對策。這樣的怪物不會晉升，就算陪他喝酒，幫他倒酒也沒有意義。喜歡熱鬧的人，就和他一起盡情地喝吧！</td></tr>
<tr><td rowspan="2">性騷擾類怪物</td><td>③ 坐這裡怪物

有害度 高</td><td>生態：這種怪物多半是老男人。他們會叫女性坐在旁邊，以為自己在酒店。現在這個時代，就算放著不管也會自我毀滅的毀滅類怪物。
對策：「逃跑」是唯一對策。單純覺得噁心。日後請向自己的上司或人事部門等報告遭到騷擾，讓他們重視這個問題，以免再度發生。</td></tr>
<tr><td>④ 在公司裡喜歡誰怪物

有害度 低</td><td>生態：到處問別人在公司裡喜歡誰。就算回答「沒有喜歡的對象」，他們也會用「硬要說的話是誰呢」等，非得問出一個名字才罷休。他們的戀愛觀停留在國中的畢業旅行。
對策：最好可以轉移話題，例如沒有喜歡的人，但是有尊敬的人等。這樣的人通常不會構成什麼危害。</td></tr>
<tr><td rowspan="2">禍從口出類怪物</td><td>⑤ 說壞話怪物

有害度 中</td><td>生態：一開口就是壞話。明明不是醫生，卻像醫生一樣到處拿同事開刀。麻煩的是也會強迫你跟著一起說壞話。
對策：如果不想說壞話就裝傻，例如「先不說這個了，你餓了嗎？」等，突然插入一句沒有前因後果的話。</td></tr>
<tr><td>⑥ 大嘴巴怪物

有害度 中</td><td>生態：就算跟他說祕密也會馬上告訴別人。他與別人溝通的話題只有八卦，不管提醒幾次都不會改變。
對策：大嘴巴怪物通常也會成為周圍的話題。對於有大嘴巴傳聞的人，千萬不能說祕密。請跟他聊「天氣熱．天氣冷」「天氣好．天氣壞」等，最膚淺、最無關痛癢的話題。</td></tr>
</table>

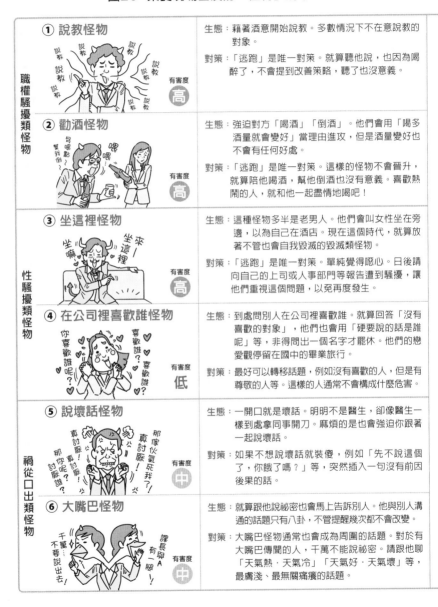

②勸酒怪物：有害度（高）

生態：強迫對方「喝酒」「倒酒」。除了主張酒量好才是「正確」的價值觀之外，也會以「喝多酒量就會變好」這種毫無益處的邏輯進攻。此外，如果自己的酒杯空了，就會嚴厲批評「眞不靈光」。

對策：「逃跑」是唯一對策。這樣的怪物不會因爲喝酒、倒酒而晉升。當他們酒杯空時，你就會發現周遭的人根本不在意他們。値得尊敬的人不會被晾在一旁。如果這個人眞的値得尊敬，再幫他倒酒即可。不過必須注意的是，「不靈光」在接待客戶等場合會成爲問題，因此有機會學習的時候還是要學起來。

●職權騷擾類怪物：總結

這類怪物有害程度非常高，因此如果在聚餐時遇到，建議「逃離現場」，不要與他們建立關係。此外，如果聚餐時出現許多①與②的怪物，代表組織文化已經染上惡習，如果「不適合自己」也建議跳槽。附帶一提，離開這種文化的組織與其說是「跳槽」，倒不如說是「逃跑」。

性騷擾類怪物

③坐這裡怪物：有害度高

生態：這種怪物多半是老男人。他們會叫女性坐在自己旁邊，以爲自己在酒店。現在這個時代，就算放著不管也會自我毀滅的毀滅類怪物。

對策：「逃跑」是唯一對策。理由是很噁心。爲了避免再度發生，建議向上司或人事部門等報告遭到騷擾。不過有一點必須注意，那就是平常其實沒什麼話聊，因爲想要「稍微聊一下」而叫對方過來，也有可能遭到誤解。因此叫人過來時必須謹慎。

④在公司裡喜歡誰怪物：有害度（低）

生態：到處問別人在公司裡喜歡誰。就算回答「沒有喜歡的對象」，他們也會用「硬要說的話是誰呢」等，千方百計非得問出一個名字才罷休。他們的戀愛觀停留在國中的畢業旅行。

對策：如果不想回答，或是真的沒有，建議直接轉移話題，例如沒有喜歡的人，但是有尊敬的人等。

●性騷擾類怪物：總結

這類怪物，尤其以③的危害程度最高。但社會已經變得敏感，可能因為誤會而被定位為性騷擾類怪物，因此必須注意。我自己也非常小心，為了避免成為性騷擾類怪物，建議與人相處時必須謹慎，避免招致對方誤會的言行。

禍從口出類怪物

⑤說壞話怪物：有害度（中）

生態：一開口就是壞話。明明不是醫生，卻像醫生一樣到處拿同事開刀。麻煩的是也會強迫你跟著一起說壞話，問你「有沒有討厭誰？」即使不斷地聽他說壞話，最後的結論也經常是「我這麼努力」。

對策：如果不想說壞話，裝傻是最好的對策，例如不管原本的話題爲何，都突然插入一句沒有前因後果的話，例如「先不說這個了，你餓了嗎？」等。這麼一來，對方也會覺得「跟這個人說也沒意義」，而不再要求你說壞話。

⑥大嘴巴怪物：有害度（中）

生態：就算跟他說「只在這裡講」的祕密，他也會馬上告訴別人。他與別人溝通的話題只有八卦，幾乎成爲習慣。因此不管提醒幾次，改變的可能性都極低。

對策：大嘴巴怪物通常也會成為周圍的話題。對於有大嘴巴傳聞的人，千萬不能說祕密。請跟他聊「天氣熱．天氣冷」「天氣好．天氣壞」等，最膚淺、最無關痛癢的話題。

●禍從口出類怪物：總結

這類怪物個別存在時的有害程度只有中等，但是如果坐在一起，有害程度就會變得非常高。再加上說壞話怪物與大嘴巴怪物也很有可能是同一個人，必須注意。

此外，缺乏分辨能力的上司，可能會誤以為⑤的怪物是仔細觀察辦公室的人，而經常把他當成顧問，要求他提供對辦公室同事的意見。⑤最希望別人知道「自己很努力」，因此即使徵詢他們意見，也經常是毫無意義的偏見，必須小心。

尊重需求類怪物

⑦我很有趣怪物：有害度（低）

生態：對話全部都以「有趣」「無趣」來評斷。具有追求哏的傾向，口頭禪是「這句話的哏呢？」不過他自己說話的內容既沒哏又無聊。這種怪物的搞笑方式經常是貶低對方，往往與「自稱擅長戲弄」的人有相同的特徵。

對策：這種怪物只是希望別人覺得他有趣，因此只要說他「有趣」或「放聲大笑」即可。或像玩「太鼓達人」一樣，有節奏地附和便已足夠。雖然讓人生氣，有害度卻低。

⑧沒自信怪物：有害度（低）

生態：不管對誰都說「我沒自信……」雖然尋求建議，但因爲把「沒自信」當成一個聊天的題材，所以也不會特地實行建議。只是一種挑起別人擔心情緒，心理有點不太健康的怪物。

對策：陪伴他們只是浪費時間，因此他們的話只要聽一半，並且不斷地用正向話語鼓勵他們「你做得到！」即可。認真思考並告訴他們對策，他們也不會去做。

⑨沒成果卻很殷勤怪物：有害度（低）

生態：平常工作沒什麼成果，似乎把聚餐當成表現的機會，只有在「聚餐」時才發揮存在的價值。一手包辦「撤下盤子」「點餐」「倒酒」等殷勤的人才採取的行動。除了照顧眼前的狀況外，也不忘預約續攤的餐廳。

對策：年輕員工如果對這樣的行爲不聞不問，會有「惹怒」他們的風險，可以在去廁所等的時候，給他們一、兩句開始關係的話，例如「道謝」或是「這麼體貼好厲害」等。

●尊重需求類怪物：總結

這類怪物基本上危害程度很低，但出沒的情況可能相對較多。出沒頻率大致可想像成「史萊姆」「比比鳥」或「栗寶寶」等遊戲裡的低等怪物一樣。因此建議熟悉對策以便隨時都能實踐。

此外，類似⑦的怪物還有「我很厲害怪物」，只要和⑦採取相同的對策，就能輕鬆對付他們，不用擔心。最後與⑨的怪物太過深入來往，可能會進化成⑪來續攤怪物，務必小心。

創業類怪物

⑩我想創業怪物：有害度（低）

生態：總是說自己「想要創業」「只會在這家公司再待三年」等，好像再過不久就會離開公司一樣。但這種把「想要創業」等掛在嘴邊的怪物，多半不是認真講，而是想向周遭的人展現「我可不是普通人」「我和別人不一樣」。因此他們不僅沒有創業，還在公司待得比誰都久。

對策：只要聽他們說話就夠了。必須注意的是，如果問

他們「具體來說是什麼樣的事業？」「準備什麼時候創業？」等具體問題，將會導致他們停止思考，所以對話請在保持模糊的狀態下進行。

●創業類怪物

這類怪物與其他怪物相比，甚至給人可愛的感覺。但為什麼還是稱他們為怪物呢？因為他們有進化成「吊掛在公司的怪物」的風險。

「吊掛在公司的怪物」會抓住剛進公司的同事，抱怨「對公司的不滿」「對薪水的不滿」「對上司與同事的不滿」等，當然也不會有「自己必須改變」的意識及行動。因此就「上司的立場」來看，他們除了怪物什麼也不是。必須在進化成「吊掛在公司的怪物」之前，盡早讓他們意識到自己「他責」的心態。

附帶一提，其實也有極少數認真談論「創業」的出色人才，如果在公司裡遇到這種人，請好好珍惜。認真談論創業的人，與只是用來展現自己與眾不同的人該如何分辨呢？我想你立刻就能看出來，不需要我多寫，因為從頭到腳全都不一樣。

強風類怪物

⑪來續攤怪物：有害度（中）

生態：無論如何都想把人拉去第二攤。不管對方是否有意願，都會盡全力邀請。不過就算去了，聊天的話題也在第一攤就全部用完，第二攤已經沒什麼好聊的。把人拉去第二攤成爲他們的目的。

對策：如果不想去就「拒絕」。拒絕其實也不會對工作產生任何影響。有些怪物相當強勢，拿出自己的意志對抗很重要。

⑫端出前輩架子怪物：有害度（高）

生態：要求別人使用敬語、更殷勤一點。對於禮貌特別敏感並嚴厲提醒。不過，即使這位「前輩」主動約幾個人聚餐，餐費依然採取均攤方式，或者頂多多付個一兩百。均攤的藉口是「請客會養成習慣……」等毫無邏輯的理由。

行。

對策：不要加入對方約的少人數聚餐。如果無論如何都必須去，請視爲基於禮貌的修行。

●強風類怪物：總結

我從來沒有在喜劇演員時代遇過⑫這類怪物，所以第一次遇到時覺得很驚奇。即使現在成為商務人士，我以前輩身分邀請後輩吃飯時，也一定會支付全額的餐費。只不過身為前輩，對方就必須「使用敬語」「獻殷勤」，因此我認為這是前輩必須支付的「稅金」。

最後還有一點必須提醒，那就是接受⑪這類怪物的邀請而去續攤，也不可能比第一攤更開心。完全不會出現你所期待的「深入話題」或「熱烈話題」。因為續攤的成員受到第一攤的影響都已經累了，多半只是基於「慣性」參加而已。但如果想要開始關係的人去續攤，選擇跟著去也不錯。

輕鬆擊退怪物

到此爲止，我們已經介紹了各種怪物的「生態」以及「對策」。無論參加哪裡的「聚餐」，總會有一、兩個怪物出現。不要因爲「棘手的怪物坐到身旁……」就萬念俱灰，把清單藏在口袋裡，試著輕鬆採取對策吧！即使遇到對策完全不管用的怪物，想必也會有新的發現，例如「這個人無論身心都變成怪物了呢……」。

這麼一來，「聚餐」一定會變得比現在更愉快。

此外也別忘了檢查清單，確認：「自己是否也變成了怪物呢？」

立川談志說過：

「不是酒毀了一個人，而是酒告訴我們，人類本來就一無是處。」

正如這句話所說，你說不定在喝酒之後也會變成某種怪物，只是自己沒有發現。

附帶一提，我在喝酒之後，就無法隱藏「喜歡」與「討厭」的情緒，似乎會變成一種瘋狂稱讚「喜歡」的人，而如果「討厭」的人坐在同一桌，就會直接地表達對他的「厭惡」那樣的怪物。我也必須小心才行……

重點

掌握聚餐出沒的怪物，成為「聚餐怪物大師」。

第3章總結

1 團體場合中，每個人的目的都不同，很難統整。

2 「戲弄．被戲弄的技巧」對於團體溝通很方便。

3 團體内的角色有四種。

4 九成人的戲弄都是職權騷擾。

5 戲弄原本是為了提高心理安全感。

6 新進員工就鍛鍊被戲弄的技巧吧！

7 被戲弄時的回擊分成重複、類比與配合3種。

8 掌握聚餐出沒的怪物，成為「聚餐怪物大師」。

第4章

讓人想要再與你見面的超神閒談力

圖27　建立關係三個階段（再次刊登）

1	開始關係	（對方覺得） 對這個人產生好印象
2	持續關係	（對方覺得） 想更加深入了解這個人
3	深耕關係	（對方覺得） 希望成為這個人的助力

參考中原淳、小林祐兒、PERSOL綜合研究所著
《社會人的必修講義 轉職學 豐富人生的科學性職場行動》
（KADOKAWA，2021年4月）

截至前面的第3章爲止，已經說明了開始關係的方法。但理所當然的，如果你在這裡闔上書本不再閱讀，就算能夠在開始關係的**「初次見面」留下好印象，也無法再進一步建立關係**。

第二次見到「你」的人會覺得「明明剛開始印象還不錯的……」或者「這個人就像醫院的餐點一樣淡而無味……」等，好不容易在開始關係時獲得的效果也會付諸流水，而關係的建立也隨之中斷。

接著就讓我們討論該如何像圖27一樣，從「①開始關係：對這個人產生好印象」到「②持續關係：想更加深入了解這個人」，讓別人對你愈來愈著迷。

在進入具體內容之前，有一件事情必須記住。那就是**無論對「你」而言，還是對「對方」而言，「持續關係」都遠比「開始關係」要困難得多**。

這是爲什麼呢？你或許聽過**「鄧巴數（Dunbar's number）」**理論。這個理論有許多解釋，在此介紹其中之一作爲參考。

「鄧巴數」是英國人類學家倫賓．鄧巴（Robin Dunbar）於一九九三年提出的理論，他發現靈長類動物的大腦大小與群體大小之間存在著相關性。他發表了一項理論，當靈長類動物建立親密的群體時，群體的大小與大腦皮質的大小相關，而人類能夠順利穩定維持關係的人數約爲150人。

據說這個人數也存在著個人差異。如果你回顧自己的人生，根據與別人建立密切關係的經驗，思考一下適合的人數可能是多少，讀起來就會更有趣。

接下來就根據具體的關係性，來看人數如何變化。

●第0層：3～5人

危險時會趕來，能夠商量錢的事情、乞求幫忙、傾訴祕密，是非常親密的朋友。

圖28 人類能夠穩定維持的關係

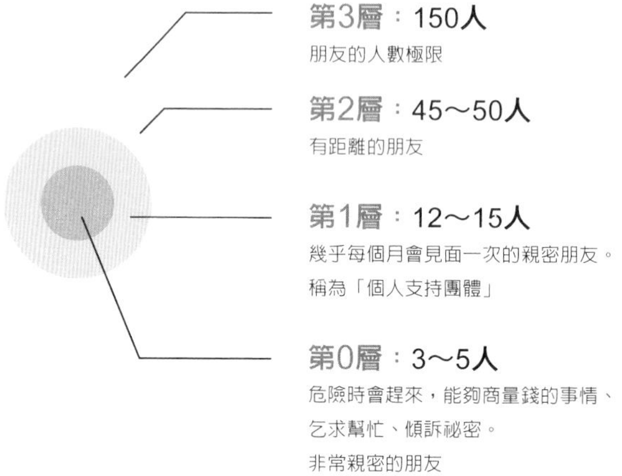
第3層：150人
朋友的人數極限
第2層：45～50人
有距離的朋友
第1層：12～15人
幾乎每個月會見面一次的親密朋友。
稱為「個人支持團體」
第0層：3～5人
危險時會趕來，能夠商量錢的事情、
乞求幫忙、傾訴祕密。
非常親密的朋友

● 第1層：12～15人
幾乎每個月會見面一次的親密朋友，稱爲「個人支持團體」。

● 第2層：45～50人
有距離的朋友。

● 第3層：150人
朋友的人數極限。

第0層如果除了朋友之外還包含家人，或許就更容易具體想像。我的第一層大約有3人，雖然少，但差不多剛剛好。至於第二層如果不只朋友，也把公司裡比較親密的同事等也廣泛地包含在內，往來的對象大約就有50人。至於第三層，多數人確認了社群網站等的名字與臉孔後，應該都能理解吧？

當然，我想也有人會說「我的社群網站上約有2千個朋友」，或者「我的朋友只能算到第二層」。

我覺得這個理論有趣的地方在於，**由於人數上限是固定的，因此各層的朋友也會輪替**。例如學生時期第一層的陣容，就與成爲社會人士，社群發生變化後的陣容不一樣。

這代表，**絕大多數接下來將要建立關係的人在與「你」相遇時，他們的第三層已經在「過去的人生」中達到150人的交友上限**。因此你必須「開始關係」，成爲150人當中的新面孔，或是「持續關係」，進入到40～50人的陣容。

而你「想要持續關係」的人，如果「値得尊敬」或是「令人崇拜」，那麼應該就會有一大串的人排隊等著輪到他們加入好友陣容。

沒錯，這其實是一場爭奪戰。那麼，該怎麼做才能在這場「好友輪替爭奪戰」中取得勝利呢？接下來具體性地介紹。

重點

人脈有極限。珍惜與你關係密切的12～15人。

不能帶來好處的人無法維持關係

正如我在第1章曾告訴過大家一個前提「人生中遇到的大部分人，對自己來說可有可無」，因此對方也非常有可能「認爲你是可有可無的人」，所以**你必須展現「自己是必要的人」**。這代表你必須告訴對方「和我往來有好處」。

如果你試圖在只尋求自己的好處而沒告訴對方他的好處的情況下「持續關係」，就會重蹈我過去的覆轍。

具體來說，我曾經渴望與「有錢人」建立親近的關係。如果大聲說出我的眞實想法，那就是因爲我認爲與有錢人關係親近對自己有好處。

例如，對方可能會「請我吃飯」「提供我有益的資訊」「幫助我解決問題」等，我覺得這些顯而易見的好處會從天上掉下來。

但現實沒有那麼簡單……因爲**對方對他人的觀察與判斷比我想的更加仔細，也比我想的更聰明**。

我想要「獨攬好處」的意識豈止顯露，根本就是顯而易見。

話說回來，有些人在這個脈絡下聽到「好處」，可能會覺得聽起來像是「金錢」或「致富機會」等「散發出可疑的氣味……」。

這個場合的好處，當然是「對方能夠獲得利益」，但利益也包含著各種意味。舉例來說有哪些呢？例如：

①有安心感
②聊起來很有趣
③願意傾聽／解決我的煩惱
④能夠提供達成目的所必須的／有益的資訊

你只要能讓對方感受到這些好處即可。當然這裡所寫的並不是全部。此外，不同人尋求的好處也不同，因此必須把對方想要的好處找出來。

有些人聽到我這樣說會覺得很困難。**其實讓別人感受到好處不是那麼難的事情**。有時只要做自己，就能讓人感受到好處。

舉個簡單的例子，當你聽到當紅喜劇演員帶著不紅的後輩一起去旅行，或者平常就會找他們一起去喝酒時，是否會感到疑惑「爲什麼他們需要如此疼愛不紅的後輩喜劇演員呢……」

尤其**那些犯下的失誤離譜到不可能在商業場合出現的人，更是獲得疼愛**。那麼到底是什麼樣的失誤呢？舉例來說，新幹線車票剛買來就弄丟是家常便飯、一次旅行就因爲車禍而撞壞了兩輛租來的車等。

疼愛這些後輩喜劇演員存在著明顯的好處。

他們固然「可愛」和「有趣」，但最重要的原因是他們提供了許多題材。因爲就算是當紅喜劇演員，也不可能在日常生活中發生無數引人發笑的事情。

所以**帶著那些犯下的失誤離譜到不可能在商業場合出現的人一起行動，就能夠收集題材**。不過，對於不紅的後輩來說，他只是正常發揮而已。

不過這畢竟是搞笑的世界，我想職場上不會有老闆或前輩把商場上不可能出現的離譜失敗當成有趣的題材。就連曾是喜劇演員的我，也絕對會下定決心「再也不會和這個傢伙一起去旅行」。

總之我想要表達的是，就如同第2章介紹的「以人緣好的人有哪些共通點爲題材的論文」中提到，這些人的特徵是「行爲具有一致性」「不做作」「很好懂」，因此在商業場合的容許範圍內犯下失誤的人，不如「維持本色」，更有可能提供對方「有安心感」「聊起來很有趣」等好處。

重點

與不紅的喜劇演員在一起也有好處。

為了維持關係，需要理解「引人發笑的談話結構」

接下來，爲了讓對方感受到前面介紹的①~④的好處，將提供三個可以在商業場合使用的方法，以便實現「持續關係：想更加深入了解這個人」。

那麼就從第一個方法開始介紹。我想聊聊「引人發笑的談話結構」，這是我由衷希望所有拿起這本書的人都能學會的技巧。接著就讓我們來學習「②聊起來很有趣」的技巧吧！而這也是對方能夠感受到的好處。

・創作小故事（引人發笑的談話結構）

你在商業場合與客戶或同事交談時，想必幾乎沒聽過有「哏」的趣味話題吧……舉例來說，就算曾因爲「戲弄」冷場的人而帶來笑聲，我想也非常少聽過引人發笑的談話。

即使是就我的經驗來看，在我的記憶裡，也沒有人在日常對話中利用「哏」來引人發笑。如果硬要說的話，頂多只有幾個人使用準備好的招牌話題（譯注：搞笑術語中「必定能夠引人發笑的話題」）來製造笑料。

平常說話就能製造笑料的人，在商業場合非常稀有，是一片沒有競爭的藍海。

那麼，具體來說是什麼樣的結構呢？請看圖29。

這個結構圖，是根據某位以說話不冷場的脫口秀節目聞名的喜劇演員的談話所製成的。

如果回想第2章也介紹過的「搞笑機制」中的「做球」與「接哏」，我想就會更好懂。

圖29◆引人發笑的談話結構

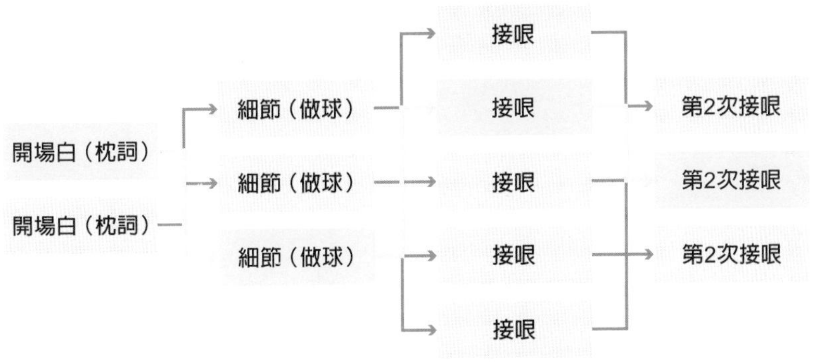

每個人都有自己的談話結構
透過反覆說給別人聽來「打磨」，引導出最佳「結構」

接下來將解說每一個部分的「內容」，以及設計談話時的「注意事項」。

「**開場白（枕詞）**」：透過開場白告訴別人談話主題。最好是「這是關於○○的話題」等。

「**注意點**」：千萬不要說「我有個好笑的故事……」，只會無謂地提高門檻。

「**細節（做球）**」：建立共同認知，例如告訴對方這是誰的故事、主角是什麼樣的人，例如「太過認眞的人」「毛毛躁躁的人」等，事先決定共同認知。

「**注意點**」：省略會模糊共同認知的多餘內容。

「**接哏**」：告訴對方與共同認知完全相反的故事。最好是「太認眞」→「不認眞」等完全相反的哏，或是「毛毛躁躁」→「更毛躁」等容易理解的哏。

「注意點」：哏不能是天外飛來一筆。雖然天外飛來一筆的哏很有趣，但在商業場合往往很難讓人聽懂。

「第2次接哏」：爲了避免「冷場」或是「別人聽不懂哏」，再準備一次「接哏」。例如「不認眞」→「更不認眞」等，再堆疊一層。又或者是利用「不認眞」→「意外的人並不壞」等，朝著似乎沒有要搞笑的方向補救，假裝沒有冷場。

「注意點」：如果朝著「更不認眞」的方向進攻，可能會變成不當發言，因此必須注意。畢竟是商業場合，建議還是透過補救偽裝成「似乎沒有冷場」比較保險。

附帶一提，喜劇演員的談話有著各自的特色。例如由「下流的話題」組成、「音效」很特別、「著眼點獨特且又臭又長」等，都是發揮個性且千錘百鍊的段子。

不冷場的脫口秀節目所表演的段子，都是經過反覆「演練」以提高完成度，搞笑純度非常高的作品。

如果你只是模模糊糊覺得「想要引人發笑」而拚命地說話，產生「笑料」的可能性就非

常低。請理解引人發笑的結構，套用這個結構組織故事。就算只是嘗試將這個結構套用到你現在擁有的「不太好笑的故事」上，也絕對會比現在更容易引發笑聲。

附帶一提，我在跑業務拜訪客戶時，必定會創作一系列的小故事。以最近爲例，我會在開會之前以身旁的公司同仁爲主角，創作關於他戀愛進度的小故事，準備告訴客戶。當然我會先與同仁確認能夠說到什麼程度。

只要每次開會時就告訴客戶這種系列故事，對方就會好奇：「那件事後來怎樣了？」這麼一來，就會產生「和株式會社俺開會很開心，與他們合作很有趣」的附加價值，增加對方選擇的理由。請你也試著用同事當主角創作小故事，爲顧客創造「與你合作很有趣」的理由吧！

重點

提供會多次見面的人一系列的小故事，以便進一步加深關係。

理解談話的主題

我想大家都理解「引人發笑的談話結構」了。只不過到底應該將什麼樣的故事套用到這個結構上呢？大家想必都埋頭苦思吧！

商業場合的聊天主題大致只有四大類別。

①工作
②興趣
③家庭（包含出身地的話題）
④朋友（包含戀愛話題）

多數場合都是從「過去・現在・未來」的切入點，根據這四個主題建立話題。並且根據建立關係的不同階段，從①～④的主題中選擇。理所當然的，如果想在「開始關係」的階段談論「④朋友（包含戀愛話題）」，也會因為自我揭露過多而使對方卻步。因此從「①工作」的「過去・現在」開始談起較為妥當。

此外，見面第二次之後，爲了讓對方覺得「②持續關係：想更加深入了解這個人」，就算是「①工作」的話題，也能夠進展到「未來想要實現的目標」，或是聊聊「③家庭（包含出身地的話題）」與「④朋友（包含戀愛話題）」的「現在」及「過去」等，這些話題都有拉近心理距離的效果。

最後我想談談所謂的「有趣」到底是什麼。我花了大半輩子的人生「想要變得有趣」，這樣的人在商業場合想必很稀有。在我從喜劇演員轉行之前，我一直以爲有趣就是「引人發笑」。然而，當我不再是喜劇演員之後，我從關於「有趣」的思考中得到一個結論。

那就是著迷運動會覺得「有趣」、看到感動的電影會覺得「有趣」、在鬼屋中被嚇到會覺得「有趣」、聆聽關於未來的簡報也會覺得「有趣」。換句話說，**「有趣」是人們在情感受到觸動時所使用的詞語**。

也有人希望別人覺得自己「②聊起來很有趣」，卻又不擅長逗人發笑。這樣的人不需要勉強追求「搞笑」，改爲透過「感動」「熱情」或「恐怖故事」等觸動別人也是一個方法。

重點

人們談話的主題大致只有四種。

三種萬能開場白

接下來介紹實現「持續關係：想更加深入了解這個人」的第二個方法。這個方法比「引人發笑的談話結構」更簡單，而且立刻就能使用。

這就是「枕詞（開場白）」。尤其在用來獲得「**④能夠提供達成目的所必須的／有益的資訊**」時，更能發揮異常的效果。我也對於平素常用的「開場白」萬分感謝，幾乎不敢做出把腳朝著它睡覺這種不敬的事情。我之所以認爲枕詞如此優秀，有三個原因。

①簡報時可利用「開場白」來強調重點

只需使用**「這個部分真的很重要……」「最少要記住這個部分……」**等開場白，就不僅能夠增加演講的抑揚頓挫，還能強調並表明你希望聽衆從演講中獲得什麼。

再者，人們也傾向於認爲，在介紹有益的資訊前如果先來一句「開場白」，這項資訊將更加重要。這麼說雖然有語病，但就算是沒什麼大不了的內容，在加上「開場白」之後，也會讓人誤以爲在聽一件重要的事，開場白就是如此優秀的工具。

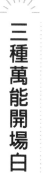

附帶一提，我在演講等場合，會在感受到聽衆的注意力逐漸渙散時使用開場白，就算只是一句**「最少要記住這個部分……」**，也能喚回整場的注意力。請務必實際使用，感受「開場白」有多麼萬能。

②能夠輕鬆問出難以啓齒的問題

爲了讓對方覺得「持續關係：想更加深入了解這個人」，必須比「開始關係」時更加深入了解對方，讓對方感受到好處，例如提供對方想要的資訊、或是讓對方覺得這個人能夠幫助自己達成目的等，也必須向對方提出一些難以啓齒的問題。

舉個明顯的例子，談話主題的「③家庭（包含出身地的話題）」與「④朋友（包含戀愛話題）」關係到對方的私生活，比較不容易問出口。

此外業務面對客戶也是常見的例子，這時往往很難開口詢問客戶「預算」「競爭對手」「我們公司拿到訂單的可能性」等。但如果不問就會提高丟掉訂單的機率，因此還是必須問出來。

這時就是「開場白」登場的時候了。

具體來說，只要使用了**「說老實話……」「斗膽問一下……」**等開場白，對方也經常能夠順勢回答「這件事情只在這裡說……」。這是小訣竅中的小訣竅，如果難以啟齒的問題問得支支吾吾，對方也會覺得更難回答。

因此詢問時裝出一副「這個問題想必誰都會問……」的樣子非常重要。

請務必裝出一臉若無其事的樣子，輕巧地問客戶一句「說老實話，您覺得有可能下單給我們公司嗎？」就算是平常覺得難以啟齒的問題，只要使用「開場白」輕巧地問一句，對方也會出乎意料地知無不言。

③當成「做球」使用，輕鬆來點小幽默

事實上，「開場白」也可當成「做球」使用。

舉例來說，我可以告訴大家幾個老套到寫出來都有點可恥的「做球」……

・做球：「我昨天完全沒睡」→接哏：「只睡八小時」

・做球：「我中午沒吃什麼」→接哏：「只吃三碗飯」

・做球：「我們跟隔壁桌太近了，就小小聲地乾杯吧！」→接哏：「（大聲地）乾

杯！」

雖然這些「做球」都陳腐到自己寫出來也有點臉紅，但往往會忍不住說出來。想要來點小幽默時，就用「開場白」做球，創造一些小小的笑料吧！絕對能確實地為日常對話增加一點歡笑。

重點

擅於交談的人都會運用開場白。

強制縮短距離的「電影練習」

到此為止，我們已經介紹了「創作小故事」與「開場白」等，在對話過程中主動發話並應用的技巧。但想必也有人無法主導對話流程。因此接下來將為這些人介紹最後第三個，改變對話主旨並且能夠促膝長談的技巧。

這個技巧稱爲**「電影練習」**。

具體的練習內容是「將至今爲止的人生中，塑造出今日自己的經驗以繪畫形式表現出來，如電影的一幕般呈現」。

這個練習的目的是**與對方共享「一路走來的人生」「價値觀」「判斷依據」**等。練習的進行方式是邊分享圖畫的內容，邊針對感興趣的部分詢問，以獲取更加深入的內容。

此外，透過這樣的分享不僅能夠減少溝通錯誤，也可以在從開始關係進入到持續關係時，省去不必要的試探，藉由採取練習的方式，強制「表達」與「傾聽」。

這個方法在第7章建立管理的團隊時使用，效果也非常好。每當有新的員工加入時，我也一定會實施「電影練習」。尤其新員工在對舊員工發問時多半會有點不自在，**像這樣強制設定溝通場合，就能省去不必要的顧慮**，因此是非常重要的方法，我由衷推薦。

到此爲至，我已經介紹了三個「持續關係：想更加深入了解這個人」的方法。爲了讓對方「想要更加了解」，還是必須揭露自己的內心，不能只展現表層的部分。

只有自己試圖獲得好處的關係不可能持續。反之，持續對無法給予自己任何好處的人付

圖30◆電影練習

將至今為止的人生中，塑造出今日自己的經驗
以繪畫形式表現出來，如電影的一幕般呈現

出與其說是好人，不如說看起來很可疑。舉例來說，如果某個路上遇到的人突然提出請求「從今天開始，我想要每個月給你10萬圓，連續給五年……」你也會猶豫著要不要接受吧？那種可疑的感覺就像這樣。

我認爲**雙方都能感覺到好處才是健全的關係**。請務必運用我所介紹的三個方法，愉快地「持續關係」吧！

重點

分享「一路走來的人生」與「價值觀」，關係更容易持續。

「走紅的喜劇演員」與「不紅的喜劇演員」環境不同

到此爲止，我已經說明了如何加入對方的「鄧巴數」，在「好友輪替爭奪戰」中勝出。

其實還有一點不能忘記。那就是你自己的「鄧巴數」也達到上限，很有可能無法增加新的朋友。

這代表，**為了與新的人開始持續關係，你必須對朋友進行「斷捨離」**。我以「鄧巴數」爲例，使用了「朋友」這個詞彙，但我認爲實際狀況更加沉重。

因爲就如同〈前言〉所說的，多數的人被困在「毀滅性思維」當中，花更多注意力在「討厭自己的人」與「合不來的人」，而不是「喜歡自己的人身上」，並且把時間浪費在改善關係。

「鄧巴數」原本應該使用在自己「需要的人」及「重視的人」，卻往往塞滿了對自己來說可有可無的人。

爲了避免浪費自己人生的寶貴時間，請認清自己需要與哪些人「持續關係」，並且將對自己不必要的關係「斷捨離」。在具體說明斷捨離的方法之前，我想先穿插一個無關的故事。

這是關於「斷捨離」效果的故事，而這個故事在喜劇演員界已經成為都市傳說。到底是什麼樣的故事呢？那就是某大型喜劇演員經紀公司的經紀人在距今約二十多年前，在試段子的場合給予一百名菜鳥喜劇演員建議。

建議的內容是：

「所有住在中野的傢伙，都給我搬到目黑或世田谷去。」

試段子的場合有很多住在中野附近的喜劇演員，現場瀰漫著一股疑惑的氣氛。但經紀人自顧自地說下去：

「住在中野的喜劇演員，幾乎都預設自己將參加不紅喜劇演員的現場演出。所以身邊的也多半是不紅的人。

然而，住在目黑或世田谷的喜劇演員，卻預設自己會去電視台上通告，所以這裡的演員也很多都走紅了。這代表你們平常往來的前輩不一樣，日常對話的品質也會大幅改變。

你們認爲，置身於哪種環境在十年後比較容易走紅呢？」

附帶一提，聽了這段話之後只有5人決定搬家，95人住在原處。十年之後，做出搬家決定的5個人都爆紅，各位絕對聽過他們的名字。甚至有人在二十年後的今天，手上還有自己主持的節目。

商場上做出成果是理所當然。公司爲了做出成果而累積技術，轉換成標準作業流程。然而在喜劇演員的世界裡，走紅的人才是少數，倘若長期與不紅的人打交道，就算懷抱著熱情，也會在不知不覺間忍不住變成互舔傷口、互相取暖。

爲了避免誤會，我必須聲明，現在也有很多當紅喜劇演員住在中野或高圓寺一帶。一方面因爲現在的價値觀已經與二十多年前略有不同，什麼才是正確很難一概而論。這個故事的重點在於，必須注意置身於什麼樣的人際關係中才能**「保持熱情，持續朝著實現目標前進」**。

重點

增加與「需要的人」「重視的人」打交道的時間。

不需要的人就「Let's斷捨離」

接下來想談談為了創造「持續關係」的空間，該如何具體進行「斷捨離」。想必也有人覺得「把別人斷捨離……聽起來好過分……」。事實上，把人斷捨離也不是丟到垃圾桶去，更何況對方多半也不覺得你有多重要。只要分辨出這樣的人，不用想得太沉重，只要想像自己與對方在一起**「開心．不開心」「閃耀．黯淡」**等，用一種搖滾的感覺「Let's斷捨離！」即可。

那麼，該把什麼樣的人「斷捨離」呢？

請各位務必聽聽我的經驗，請容我介紹自己的一項優勢作為前提，那就是「我見識過很多種類的人」。舉例來說：

● **喜劇演員時代**

．有人欠下重重債務，信用卡簡直就像寶可夢卡的牌組一樣。

．有人想和女性說話，每週五天從下午三點到早上六點都在澀谷或銀座電車站路口搭訕，總共搭訕過十萬人。

・有人儘管在演藝圈已經擁有充分的地位，但為了不偏離一般人的感受，每天都搭乘擠滿人的電車通勤至電視台。

●上班族時代

・有人開口閉口都是「公司如何如何」「上司如何如何」，總是怪罪他人。

・有人以為自己在管理，但只會職權騷擾或性騷擾。

・有人透過五分鐘的簡報就能觸動人心。

●創業者時代（現在）

・有創業者雖然富有，說話時卻總是用鼻孔看人。

・有創業者花錢把人當物品對待，開口閉口都是錢或女人。

・有創業者認真幫助困擾的人，真心想要實現世界和平。

我因為有著如此特殊的經歷，所以儘管能夠遇到非常有趣且耐人尋味的人，但是也有機會遇到如果不「斷捨離」，只會為自己的人生帶來「災害」的人。正因為我交遊廣闊，所以接下來能夠嚴選十個可能帶來災害，最好「斷捨離」的人的特徵。

重點

擁有判斷是否該與這個人打交道的標準，例如「開心．不開心」。

別和不感興趣的人打交道

我將特徵整理在圖31。其實這十個特徵的可怕之處在於，就和怪物的「生態」一樣，**自己也可能變成這樣的人**。換句話說，一旦有「輕視對方」「看扁對方」的情緒，就會忍不住做出這樣的事……這麼一來，不但會遭到對方「斷捨離」，甚至連對方身邊的人都有可能將你「斷捨離」。

我不打算說漂亮話，例如爲了避免發生這樣的情況，請「心懷尊敬」或「抱持著尊重」與所有的人打交道。我的意思不是這樣的，而是提醒注意「不要與不感興趣的人持續關係」。附帶一提，我不只注意，而且還徹底實踐。

圖31　最好斷捨離的人

陰暗類	① 個性隨心情改變（情緒不穩定）	有害度 高	每天的態度隨心情改變，時而高壓，時而又變得莫名親切。情緒不穩定，相處時必須看他臉色。
陰暗類	② 私底下不斷說別人壞話	有害度 高	表面上笑容可掬，私底下會說對方壞話。不知道自己什麼時候也會變成他說壞話的主角。
缺乏常識類	③ 說謊（借東西不還）	有害度 高	為了避開對自己不利的狀態而含糊其詞或說謊。此外，就連幾塊錢的飲料錢也不還。
缺乏常識類	④ 經常放鴿子／改時間	有害度 高	若無其事地改變約好的時間。更糟的是，可能不聯絡就放鴿子。
剝奪時間類	⑤ 暢談煩惱到深夜（不管說什麼都聽不進去）	有害度 高	商量沒有結論的煩惱直到深夜，例如辦公室發生某某事等。看起來也沒有想要解決。就算給予建議，也會用「但是……」來駁回，沒有想聽的意思。只是每晚想找人聊天而已。
剝奪時間類	⑥ 單方面抱怨	有害度 高	只想找人聽他抱怨上司與同事。就算跟他說話也聽不進去，總之把時間都花在抱怨上。
攻擊類	⑦ 攻擊性的發言很多	有害度 高	不知道是因為嫉妒還是競爭心理，說話帶刺，具有攻擊性。如果和他一起待在同一個團體，動不動就會「遭他貶低」。
攻擊類	⑧「單獨」的態度與在「團體」中的態度不同	有害度 中	單獨說話時沒什麼問題，但在團體場合中說話時態度就截然不同。在面對我方時，會根據自己的立場與呈現的形象決定態度。
攻擊類	⑨ 動不動就說「你變了呢！」	有害度 中	多半是許久不見的人。會用挖苦的語氣說「你變得和以前不一樣呢！」他們的意思與其說是「希望你都不要變」，不如說是「希望你的地位一直都比我低」。
利用類	⑩ 只會寄來活動通知	有害度 低	平常完全不聯絡，只會寄來活動邀請等通知。動不動就會用「好久不見！」等暗示「想和你見面」。

而就我的經驗來看，想要長久「持續關係」最重要的不是了解這些特徵，或是學會前面介紹的技巧。

最重要的是**對對方心懷「敬意」**。那些最好「斷捨離」的人所展現的特徵，終究也是源自於缺乏「敬意」。此外，只靠雙方的好處來維持的關係，當其中一方不再感受到好處時，就算多麼不想放手，也依然會變得脆弱，進而瓦解。

對於由衷「想要持續關係」的對象，除了提出好處之外，我想展現「敬意」比什麼都重要。不過，當對方並未展現「敬意」，雙方的關係只靠好處維繫時，我想不要勉強自己，停止持續關係也是一個方法。

請務必以看重自己爲優先，不需勉強持續關係。

重點

千萬不能忘記「自己比對方更重要」。

第4章總結

1 建立深入關係的極限是150人。

2 一系列的小故事，能夠有效深入關係。

3 透過開場白找出對方的真心話。

4 分享「一路走來的人生」與「價值觀」，更容易持續關係。

5 合不來的人，就算不持續關係也無所謂。

6 擁有判斷是否該與這個人打交道的標準，例如「開心．不開心」。

7 千萬不能忘記「自己比對方更重要」。

第5章

自然獲得周圍幫助的溝通術

第1章到第3章以需要哪些要素才能讓對方想要「①開始關係：對這個人產生好印象」爲主題進行介紹。第4章則從已經「①開始關係：對這個人產生好印象」的對象中，選出對自己而言必要的人，說明「②持續關係：想要更加深入了解這個人」的方法。

本章希望可以聊聊爲了實現自己想做的事情，如何讓對方「③深耕關係：希望成為這個人的助力」。**「深耕關係」是上班族所必須的能力，換句話說，也能形容為「實現目標的能力」**。

這是爲什麼呢？因爲如果想在組織中實現「自己想做的事情」，倘若身邊沒有「願意協助你的人」「在背後推你一把，鼓勵你試試看的人」，那麼不要說達成目標了，無論你再怎麼主張「我想做這件事」，恐怕連實現這件事的機會都不會降臨。

所以你必須從「持續關係」的人當中分辨出這樣的對象，進一步深入地「深耕關係」，**主動建立能夠實現目標的環境**。

隨著時代的演進，「自由主義」的思維逐漸濃厚滲透。我因爲職業的關係，經常有人來找我諮詢，例如爲了尋求「自我本色」而就業、轉行等，結果卻「和想像的不一樣」「在公司裡沒有想做的事情」。

我也是一名小小的經營者，因此站在公司的角度看，對於自己「不信任」或者「不會想要成爲他的助力」的員工，當然不可能投資對方，「讓他做想做的事情」。這並非因爲株式會社俺只是一家中小企業，就算是那些擁有豐厚資金，被稱爲大企業的公司也一樣。

換句話說，爲了實現想做的事，**必須在公司裡建立一群你的「粉絲」**，他們都想要「深耕關係：希望成爲這個人的助力」。接著就來建立一群說什麼都想要支持你的「粉絲」吧！

重點

建立自己的粉絲，想做的事情就能朝著實現的方向前進。

懂得交涉的人，才能在商場上獲勝

想必也有一些人就算「深耕關係」，還是會把責任推給上司或公司，覺得都是因爲他們才「無法做自己想做的事情」，並因此而放棄吧？但我堅信，讀了本章，也就是第5章之後再判斷是否該放棄也不遲。

因為在商場上，**懂得交涉的人基本上就能心想事成**。以個人之間的交易為例，或許更容易想像。

- 在網路拍賣根據自己能夠支付的價格與賣家交涉。
- 與房東交涉租屋處的租金是否能夠降價。
- 在電器行交涉折扣或是給予點數。
- 轉職時提高年薪的交涉。

除此之外還有許多。正如各位所知，能夠交涉的事情多到不勝枚舉。然而，如果不是個人交易，而是牽涉到自己工作的公司，無條件地遵循公司決策而不討價還價就變得理所當然。我想說的是，**如果有「想做的事情」，你可以為了實現而主動交涉**。

當然也有人努力想要交涉。但到底如何交涉呢？根據聽到的狀況，也有不少人是使用「如果我希望的提案無法通過就辭職」這種與其說是「交涉」，倒不如說更像是「威脅」的方式。即使提案通過了，周圍的人也會心想「這傢伙總有一天會辭職」，那麼不要說「成為粉絲」，甚至還被視為眼中釘。

當然，不是所有人的交涉都能成功，還必須滿足交涉不可或缺的要素。舉例來說，以下這五題如果無法全部都回答肯定的答案，那麼問題很有可能不是出在上司或公司，而是出在自己身上。

①你是否取得足夠的信賴，讓對方願意幫助你實現「想做的事情」？
②你「想做的事情」是否對公司有益處？
③你知道有誰或許會協助你實現「想做的事情」嗎？
④你知道誰對於你「想做的事情」而言是關鍵人物（擁有決策權的人）嗎？
⑤你描述了「想做的事情」後，對方會覺得興奮（想要支持你）嗎？

無論你想做的事情是大是小，至少對於這五個問題都必須回答「Yes」，否則很有可能無法獲得機會「實現想做的事情」。

附帶一提，向各位介紹一個從客戶之處聽到的感動故事，聽說某個大企業的老闆，就是在25年前參加新進社員研習時，向當時的老闆詢問**「該怎麼做才能成為老闆？」**的那個人。

我聽到這個故事後起了雞皮疙瘩，近年來「提案不通過就辭職」的人愈來愈多，而他卻認真提出「該怎麼做才能成爲老闆？」這個問題。假使我身爲老闆，從剛進公司的新人口中聽到這個問題，絕對會成爲「想要支持他」的粉絲。

若以這個小故事爲例思考①～⑤，一方面是時機恰當，而另一方面，即使①將透過日後的工作表現來滿足，這個問題也已經在一定程度上滿足了②～⑤，所以他才能獲得成功吧？

重點

滿足實現「想做的事情」的條件。

容易落入的陷阱

不過，理所當然的，滿足①～⑤也不是那麼簡單，沒有一擊必殺的方法，和信賴感一樣需要腳踏實地逐漸累積。必須注意的是，①～⑤各自存在著容易落入的陷阱。

①尚未與周圍的人「開始關係」或「持續關係」就主張自己想做的事情。
②忽略「對公司的益處」，只主張「對自己的益處」。

③缺乏「願意協助的人」或「在背後推一把的夥伴」。
④只把想做的事情告訴上司，而上司卻沒有決策權。
⑤把想做的事告訴別人時使用的語言缺乏魅力，讓人不會想要支持。

尤其直接落入陷阱②的人最多，往往一不小心就會採取自以爲是的主張。此外，非常重要的一點是，要聲明自己承擔的責任，例如「絕對會達成○○」，而不是對成果含糊其詞。畢竟如果在需要拿出成果時龜縮回去，無法負起責任，誰也不會把工作交辦給這樣的人，也不會想要支援他。

落入陷阱②的人以特徵來看，往往具有「別人應該負責」「難以客觀看待自己」等傾向，多半無法爬出陷阱，最後遞出辭呈。

只不過，就算離職後跳槽到別家公司，還是無法實現「想做的事情」，只會再度落入同樣的陷阱，結果只是從「陷阱」移動到另一個「陷阱」，就像在玩「超級瑪利歐」一樣。

爲了避免誤會，我先聲明一點，雖然我使用「想做的事情」當例子，但絕不代表**如果沒有「想做的事情」，進入到「深耕關係」就沒有意義**。我們在思考職涯時有「登山型」與

圖32　兩種職涯思考方式

登山型
泛舟型
朝著●●前進！
「全力以赴」最重要！
行動時放眼「目標」
與「想做的事情」
珍惜現在的「價值觀」，
對眼前的事情全力以赴

「泛舟型」這兩種模式。

如圖32所示，**「登山型」是放眼「目標」與「想做的事情」**的職涯思考方式，爲了達成「目標」或「想做的事情」，邊在周遭培養粉絲邊前進。

至於「泛舟型」則是**珍惜現在的「價值觀」，對眼前的事情全力以赴**。判斷時以「重視的是什麼」「該如何自處」爲根據，如果有必要，當然也會向周圍的人請求協助與支援，並投入眼前的任務。

我們通常會靈活穿梭於這兩種職涯模式之間，順著溪谷漂流而下看到山峰就開始登山，而後又順著溪谷漂流。

我自己的職涯正是如此，原本以「登山型：喜劇演員」爲目標，而後這座山消失，我轉成爲「泛舟型：上班族」，而後又再度看見山，回到「登山型：創業」，成爲經營者，靈活地在兩者之間往來。

這兩種職涯思考方式沒有優劣，如果硬要說的話，頂多只有「登山型」的人可能有貶低「泛舟型」的傾向，覺得**「有想做的事情比較好」**但這樣的貶低完全來自於無知。

總而言之，有想做的事情也好，沒有想做的事情也好，如果**想要營造能夠遵循自己「意志」的「舒服環境」，就需要「深耕關係」**。此外，考慮到或許會出現「想做的事情」，事先學會這樣的技巧以備不時之需也很重要。

接下來將進入正題。該如何「深耕關係：希望成爲這個人的助力」，才能實現「想做的事情」，以免掉進去容易落入的陷阱呢？

重點

不需要隨時都有「想做的事情」。

沒有人知道你「想做的事情」

我想如果是讀到第4章的讀者，已經可以想像該如何才能實現①與②。至於如何找出「想做的事情」以及營造「自我特色」，將在第6章詳細說明。因此首先想要針對「③你知道有誰或許會協助你實現『想做的事情』嗎？」進行深入探討。

首先我想提出一個問題。

「公司裡有多少人知道你『想做的事情』？」

這個問題其實非常重要。因爲你周遭的人多半不知道你想做什麼。這不只是單純因爲你沒有說出來，**就算你覺得自己已經把「想做的事情」告訴周圍的人，多數的人也漠不關心**。

更慘的是，同事的理解程度可能只有「這麼說來，○○好像說過這件事……」這幾乎是說了等於沒說。

這樣的狀況不用說，在想到誰可以協助自己實現『想做的事情』之前，必須先解決這個問題。所以這時的首要之務，是**將有多少人知道你「想做的事情」視覺化**。至於該如何視覺

圖33◆知道你「想做的事情」的人

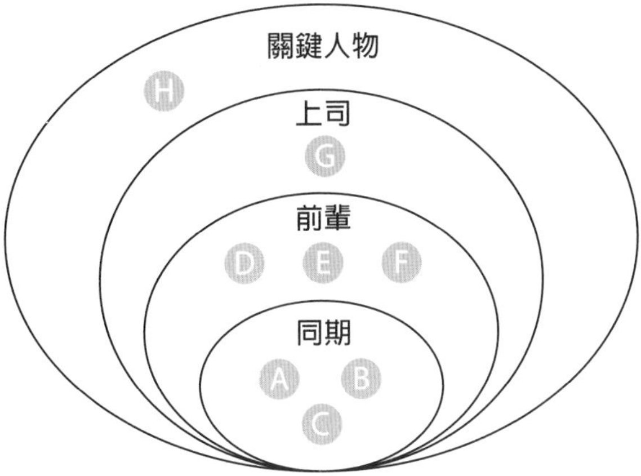

化，請看圖33。

如圖33所示，將知道的人分成「同期」「前輩」「上司」「關鍵人物」並寫出名字。而寫出名字之後，「想做的事情」無法實現的理由就會浮現出來。

舉例來說，我在企業的研習中進行這項練習，而無法實現的理由以下列三種回答最多。

1. 雖然把想做的事情告訴「同期」與「前輩」，但到了上司這關就因爲有所顧慮而無法說出來。
2. 「關鍵人物」多半是經理級以上的人，沒什麼機會告訴他們，或者不知道「關鍵人物」是誰。
3. 雖然告訴別人自己「想做的事情」，但「同期」以外的人較難理解。

第一點的解決方式很簡單，只要把你「想做的事情」告訴上司即可。公司裡的人知道你想做的事情後，就會像《勇者鬥惡龍》一樣，突然出現「提供有益資訊的人」，或是遇到「幫助你繼續冒險的關鍵人物」。請鎖定這些人，愉快地「深耕關係」吧！

至於某些「想做的事情」或許也會有人反對，在這種情況下如果出現依然願意支持的人，那種興奮感將無可取代。

重點

掌握有多少人知道「想做的事情」。

思考職場的人際關係時，必須以錯綜複雜為前提

但如果是理由二「沒有說出來的機會」，那麼爲了告訴「關鍵人物」，就必須思考該依循什麼樣的路徑最適當。爲什麼在公司裡也需要思考最佳路徑呢？因爲職場必定存在著錯綜

圖34◆公司內部人物關係圖

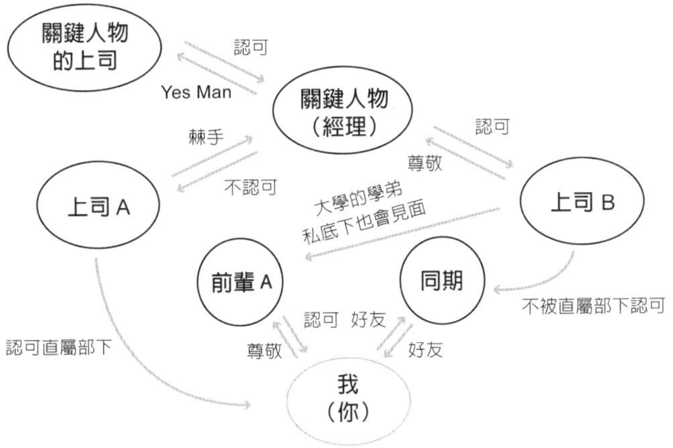

複雜的人際關係。

圖34是我在當上班族時實際繪製的公司內部關係圖的縮小版。我當時「想做的事情」是第3章也介紹過的，將中北軍團當成公司福利的企畫，並為此**摸索對「關鍵人物」最有效的路徑**。

這時問題來了。請你看著圖34，思考將你「想做的事情」告訴「關鍵人物」的最有效路徑。

【失敗的解答範例】

●常見失敗一：透過「直屬上司A」傳達給「關鍵人物」的失敗路徑。從圖34也可看出，對於「關鍵人物」而言，「直屬上司A」或許不是最佳路徑。

●**常見失敗二：**「同期」是你很好的理解者，因此透過「上司B」傳達給「關鍵人物」。但這只是「容易提出要求」而已，拜託了「同期」之後，結果對方卻沒有任何行動。

【成功的解答範例】

○**成功模式一：**透過「前輩A」與「上司B」搭上線，由「上司B」告訴「關鍵人物」的路徑。在錯綜複雜的關係中，必須分辨清楚由誰來說最有效。換言之，有時繞遠路才是最佳路徑。

○**成功模式二：**直接與「關鍵人物的上司」取得聯繫，請他轉告關鍵人物。如果清楚「關鍵人物的上司的個性」以及「公司本身擁有開放的文化」，那麼這就很可能是有效的一步棋。

由此可知，不能天真地認爲「上司」應該就沒問題，他也和你一樣因爲人際關係而煩惱，以此爲前提進行，更容易摸索出最佳路徑。

此外，在摸索中也必須觀察對方。

觀察重點**除了「這個人本身的個性」之外，也必須掌握與周圍的「關係」**。我想大家往往光靠「這個人本身的個性」判斷，但爲了實現「想做的事情」，就連對方影響力的範圍也必須觀察。

像這樣觀察並畫出人物關係圖，就能清楚看見**為了實現自己「想做的事情」，必須與哪些人「深耕關係」**。此外，這麼做還有附帶的好處，那就是如果找出關鍵人物，獲得更多願意聲援自己提案的人，想必也能看見好幾條晉升的路徑。

附帶一提，我放棄成爲喜劇演員，轉行成爲上班族後，在公司做的第一件事，就是繪製人物關係圖。我透過圖解的方式，掌握某人與某人是什麼樣的關係，以免陷入無謂的錯誤溝通，以及人際關係的紛爭。

我繪製的內容有四項，分別是「①誰與誰之間存在著好惡關係」「②誰與誰合得來．合不來」「③誰一施壓，誰就會行動」「④誰的意見多半容易被接受」等，藉此掌握相互之間的關係好壞以及整體的關係。

此外，還可以採取觀察以外的手段。例如詢問第3章介紹的「大嘴巴怪物」就是最快的方法。一方面因爲對方喜歡八卦，關於公司人際關係最複雜的部分，他們知無不言，就如同在民間故事中「笨蛋、剪刀和怪物都能派上用場」。

爲了找出該「深耕關係」的對象，建立你的粉絲群，請愉快地繪製關係圖吧！與幾位公司裡的好同事互相提供資訊，想必出乎意料地輕易就能完成。

重點

試著繪製職場的人物關係圖。

令人興奮的「抱負」由有趣的語彙組成

接下來，我想深入探討本章最重要的部分「⑤你描述了『想做的事情』後，對方會覺得興奮（想要支持你）嗎？」

我因爲職業的關係，在企業與員工進行面談等，並問他們「想做什麼事情」時，常常會覺得他們的答案「好像在哪裡聽過……」「好像適用於每個人……」或者搞不太清楚「所以你到底想做什麼……」等。說老實話，**多數人都讓我不太想要支持**。

具體來說，我之所以不想要支持他們，是因爲他們說出來的話都讓我覺得似曾相識，背後的故事也給我千篇一律的印象。

最容易想像這種似曾相識感的場合，就是在面試新員工的時候，他們的開場白往往都是「我曾擔任社團的副社長……」，這種開場白至今不知道聽過多少次，那種感覺完全一樣。當然，我聽了某些人「想做的事情」，也會覺得他「想要實現」的意願不夠強烈，但這已經是更進一步的問題了。

有些人聽到我這麼說，**會試圖配合別人的需求改變自己「想做的事情」**。但這麼一來，即使實現也沒有意義。改變「想做的事情」本身是沒有意義的，關於這點我希望你們別誤會。我的意思並不是改變「想做的事情」，而是改變傳達這些事情時使用的語彙。

那麼，讓對方想要支持的語彙包含哪些要素呢？在此具體介紹五個。

1. 使用讓人感覺奇怪的語彙

順耳的語彙將毫無阻礙地進入大腦，但也會**立刻從腦中消失，換言之就是不會留下記憶**。舉例來說，「我的目標是打造讓人愉快工作的公司」，想必不會有人覺得「哪裡怪怪的……」吧？

因為每個人都多少有點這樣的希望，任何人都有可能說出來。但如果聽到「中北軍團以公司福利為目標」，就會覺得聽起來奇怪。因此必須選擇引起對方興趣的語彙。

2. 加入一點趣味性

這與「使用讓人感覺奇怪的語彙」類似，在將「想做的事情」化爲語言的時候，往往傾向於使用充滿熱情、自我陶醉的「帥氣語彙」。最常見的是使用英文，例如「提高commit」「成爲 infrastructure」等，在傳統市場從來不會聽到的語彙。

請選擇那些有點特別，能夠讓人「會心一笑」的語彙。爲什麼需要稍微加入一點趣味，能夠讓人「會心一笑」的語彙呢？因爲這些語彙比較容易讓人記住。

3. 使用自己想傳達的對象會有共鳴的語彙

任何人都有共鳴的語彙誰也不會記住。請選擇有些人會嗤之以鼻，有些人會拍案叫絕的語彙，這麼一來對方才會認眞地「想要支持」你。你想要傳達的對象，喜歡什麼樣的語彙呢？

4. 背景故事具有獨特性

最理想的狀況是像廣告標語一樣，短短幾個字就能打動人心，但這牽涉到感受性，所以難以駕馭。因此在講述「你爲什麼想做這件事」時，需要爲背景故事加入獨特性。而**讓對方感受到獨特性的最簡單方法，就是揭露自己**。請透過背景故事，告訴對方正因爲是你所以才想做「這件事」。

舉例來說，我們公司的事業項目之一，就是協助喜劇演員轉業的「喜劇演員NEXT」，而這項事業「想做的事情」就是**「為放棄夢想卻沒有放棄人生的人服務」**。

爲什麼會想做「這件事」呢？因爲我自己儘管放棄了身爲喜劇演員的「夢想」，卻「沒有放棄漫長的人生」，這件想做的事背後，也展現出我這樣的意志。

然而，同期的喜劇演員在放棄夢想的同時，也因爲否定自己而放棄自己的人生，對人生變得灰心喪志。因此我以「爲放棄夢想卻沒有放棄人生的人服務」爲目標創辦事業。附帶一提，股東在聽了這個故事之後，就決定投資，由此可見講述自己獨特的故事非常重要。

5. 自己說出口時覺得舒服

最後，如果自己說出來時覺得彆扭，終究無法飽含熱情，也當然不可能感動人心。如果用那些聽起來似曾相識的語彙講出來比較順口，那麼堅持自己的意志也很重要。

請務必使用這五項要素來「深耕關係：希望成爲這個人的助力」。附帶一提，這些要素使用在創業者張貼徵人訊息時，效果也非常好。因爲這五項要素的目的，不只是用來獲得

「許多願意支持的人」，也是用來獲得眞正與你產生共鳴，願意長久支持你的粉絲。

重點

是否使用了讓人覺得奇怪的語彙？

我十年後想做的事

最後介紹我想在十年後實現的「事情」。

那就是**「建立國家，成為國王」**。這不是比喻，而是現在眞的以實現爲目標開始準備。

這是一個令人雀躍的王國，我總是想像這樣一幅情景。這個王國豎立著一座中北的銅像，就像在我們公司首頁上看到的那樣。王國裡聚集著一群志同道合的夥伴，懷抱著自己的意志生活。

在廣場上玩耍的孩子，在發現中北時提出了這個問題。

「國王國王我問你，要怎樣才能變得像你一樣呢？」

我會怎麼回答這個問題呢……我邊思考著這樣的事情，邊爲了實現未來進行準備。我在描述這幅景象時發現，自己想要實現的中北王國，或許就以「日本國的國家福利」爲目標。

當我告訴別人這件「想做的事情」時，反應相當兩極，有人明顯露出一臉「你在說什麼傻話」的表情，但也有人雙眼綻放光芒，覺得「聽起來好有趣！」而且後者非常稀少。

這就是獨特且讓人覺得奇怪的「想做的事情」最正確的反應。**所有人都能理解的事情，早就已經有人長久耕耘了，想必連成長的空間都沒有。**

請務必試著運用這些技巧。當周圍的人聽到你「想做的事情」的反應，絕對會與過去截然不同。

重點

所有人都能理解的事情，已經沒有成長的空間。

第 5 章總結

1 建立自己的粉絲群，朝著實現想做的事情邁進。

2 滿足著手進行「想做的事情」的條件。

3 不一定總是需要「想做的事情」。

4 掌握有哪些人知道「想做的事情」。

5 試著畫出職場人物關係圖。

6 你是否使用了聽起來奇怪的語彙呢？

7 所有人都能理解的事情，已經沒有成長的空間。

第6章

了解自己的特色，輕鬆地持續行動

到此爲止已經介紹了關係建立三階段的技巧與概念。但這個世界上想必沒有人在讀了第1～5章後就能改變行動，成爲溝通達人。

我想**絕大多數的人依然不會改變行動，也不會克服對溝通的恐懼，最後就這樣走進棺材**。甚至在人生最後的遺照上，連個笑容也沒有。

這樣的你，如果想要克服對溝通的恐懼，讓辦公室的日常變得稍微愉快一點，那麼方法只有一個。

那就是持續行動。而爲了能夠持續行動，你絕對需要一個屬於你自己的「目的」。

因爲懷抱著對溝通的恐懼持續行動絕不是一件簡單的事情，你不可能懷著模糊的意識「隨便做做就成功」。

你很容易就會崩潰，恢復平常的自己。甚至可能因爲強迫自己溝通的反作用力，變得比以前更加害羞。

因此，你需要創造屬於自己的「目的」，塑造一個能夠忍受沒有成果的日子，依然持續行動的自己。那麼具體來說，該如何創造「帶有自我特色的目的」呢？

重點

如果不持續，就無法磨練溝通能力。

「綜合便當」戰略只會扼殺你的自我特色

設定「帶有自我特色的目的」，首先最重要前提就是從「放棄討好所有人」開始。

爲了加深對這個概念的理解，我在此提出一個問題。

秋元康曾說過「沒有令人印象深刻的綜合便當」。那麼就請你回想自己至今吃過的便當。

Q1：有讓你印象深刻的「綜合便當」嗎？

Q2：有讓你印象深刻的「燒肉便當」嗎？

當你聽到Q1時，能夠想到哪款光是回想起來就令人垂涎三尺，幾乎是反射性地想要再吃一次的綜合便當嗎？絕大多數的人都想不起來有哪款綜合便當能夠如此地讓人渴望吧。綜合便當裡裝進了各種食材，讓人每種美味的食材都能嘗一點，這樣的設計簡直就像做夢一樣。像這樣的便當非常划算，誰也不會討厭，但日後回想起來，卻沒有任何記憶點……

我想也有很多人聽到Q2的問題會想到知名燒肉店的便當，這款便當鋪上了一層厚厚燒肉，看在食量小的女性眼裡恐怕只會覺得胃脹氣，對其敬而遠之。但想要飽餐一頓的男性，或是想要吃得豐盛一點的食客，就會給予絕對的支持，而且日後回想起來也會印象深刻，成爲「想要再吃一次！」的熱門選項。

這代表，**「想要討好所有人」極有可能「失去特色」**。其原理就和有趣的深夜綜藝節目一旦移到黃金時段，就因爲限制變多，或是以更廣泛的觀衆爲對象，導致節目不再特殊，最後因爲失去趣味性而腰斬非常類似。

除此之外，也請你理解「討好所有人」是不可能的。

因爲「好惡」屬於價值觀，而每個人的價值觀都不盡相同，不可能所有人都對你展現「喜歡」的價值觀。

例如明石家秋刀魚。我想幾乎全日本的人都認識，但就連五十年來持續活躍於第一線的他，也有人不怎麼喜歡。雖然這個事實對身爲前喜劇演員的我而言相當衝擊……

話說回來，**人類基本上都「害怕被討厭」**。因爲對人類而言，生活在社會這個群體當中是理所當然的事情，所以爲了避免被群體排除在外，自然會採取「不被討厭的戰略」。

然而，採取不被討厭的戰略，就代表著**「誰也不會非常喜歡」**。很多人採取不被討厭的戰略，就是因爲不理解必須背負著這樣的風險。

那麼爲什麼採取不被討厭的戰略，也無法讓別人非常喜歡呢……？這是因爲採取不被討厭的戰略，往往會「壓抑自我主張」「配合別人」「設法融入群體以免太過顯眼」等。

因爲這樣的行動，導致採取不被討厭戰略的人，只能得到「溫柔的人」「好人」等，完全想不到是在稱讚誰，似乎可以套用到任何人身上的稱號。儘管追求自我特色，最後卻直奔平庸。

這項戰略還有一個恐怖之處。那就是儘管每個人都有自己的個性，卻爲了配合周遭的人，在無意識當中將「特色」與「自己的欲望」稀釋了。這些人雖然對於失去「特徵」與「自己的欲望」感到不對勁，卻甚至因爲成爲世人眼中的「普通人」而感到安心。舉例來說，雖然想要「變得有錢」，然而一旦說出口，就會被別人視爲「膚淺又骯髒的傢伙」；或者雖然想要晉升，然而一旦說出口，就會開始被戲稱為「野心很大」。於是只好壓抑「自己的欲望」，逐漸遭同儕壓力的平凡漩渦吞噬。

因為這樣的戰略，使人們在不知不覺間逐漸遠離「自我特色」。我在喜劇演員時代也非常煩惱。在這個不讓人留下印象就不可能成功的世界中，好人給人的印象薄弱，無法生存下來。因此必須以「非常喜歡」為目標。

不過，以非常喜歡為目標就代表著必須背負風險，因此也會伴隨失敗。難得有機會，就來告訴大家我痛快失敗一場的例子吧！當我有機會參加某位大前輩主辦的聚餐時，由於我從小就看他的電視節目長大，無論如何都想獲得他的疼愛，因此採取了「說話失禮」的戰略。

為什麼採取這個戰略呢？因為這場聚餐的參加者包含了當季的一夕爆紅喜劇演員，以及赫赫有名的喜劇演員，甚至還有當時現役的日本足球代表隊選手，一般的年輕喜劇演員只能選擇表現低調，壓抑自己的「特徵」與「欲望」，不是「沉默地撐過去」就是扮演「靈巧殷勤的後輩」。

我卻不想這樣。

我認爲這是個機會！既然都要變成綜合便當了，還不如即使背負風險，也要成爲「燒肉便當」，否則參加這場聚會就沒有意義了……

我在聚餐中藉著酒意，鼓起勇氣詢問日本足球代表選手：「您很會踢足球嗎？」場面瞬間凍結。

我的問題只讓人覺得失禮，一點也不有趣。

後來多虧前輩救場，才轉換成笑料，讓事件平安落幕。但我再也沒有受邀參加那樣的聚餐。無法參加崇拜的前輩舉辦的聚會非常可惜，我也很後悔，但借用當時在場的某位一夕爆紅喜劇演員的話，事到如今，這件事情對我的人生而言已經「沒什麼大不了」。

當然也有人認爲，有必要背負如此大的風險嗎？但如果被視爲「好人」，也同樣沒有下次機會，所以**即使背負風險，也有必要擬定發揮「自我特色」的戰略，以獲取別人的「非常喜歡」**。因爲就如同第1章提到的，對方很有可能將你歸類爲「人生中可有可無的人」。

重點

不被討厭的戰略，就是誰也不會變得非常喜歡的戰略。

從煩惱中看見自我特色

接下來想要說明該如何創造「帶有自我特色的目的」。請務必拿出紙筆或是打開手機備忘錄，讓我們一起深入探討吧！

那麼，**該如何創造「帶有自我特色的目的」呢？首先就從傾聽煩惱開始**。或許也有很多人一聽到煩惱，就抱持著負面的印象。但是絕對不能看輕煩惱，因爲煩惱是創造帶有自我特色的目的時非常重要的資訊。

如果想要具體說明煩惱到底有哪些，就必須長篇大論地解釋，所以我想換個語彙表達或許比較好理解。

那就是「欲望」。

換句話說，煩惱就是自己想要的事物。尤其是那些俗不可耐的欲望，更能夠如實展現自己本身的偏好。例如「憤怒」「自卑」與「嫉妒」等，通常不會想要告訴別人的事物。

只不過，這個世界上的多數人都採取不被討厭的戰略，把自己的欲望說出口被視爲壞事。因此根本無法想清楚現在的自己「是怎樣的人」「想成爲什麼樣的人」「獲得什麼才能感到滿足」。很多人甚至無法分辨現在的自己是否「感到痛苦」或「辛苦」，最後精神崩潰。

那麼，該怎麼做才能**「①想起自己的欲望」「②持續為了滿足欲望而行動」**以及**「③讓欲望變得更加清晰」**，就像所有人在小時候都擁有的一樣。

接下來將具體說明①~③的方法，就讓我們來解放你這個人骯髒的部分吧！

重點

找回失去的兒時欲望。

從過去喚醒你的「自我特色」！

接下來將介紹第一個方法「①想起自己的欲望」。爲了方便大家有具體的想像，我準備了圖35。

大家聽到「欲望」或「想做的事情」等，往往會想得很困難，但追根究柢就只是「喜歡・討厭」而已。我們或許會列出喜歡的事物，卻意外地很少去觸碰討厭的事物。但**藉由將討厭的事物化為語言，能夠讓喜歡的事物變得更加清晰**。

因爲「喜歡的事物」中，同時包含了「喜歡的事物」與「討厭的事物」。具體的例子以我而言，我喜歡「喜劇演員」，所以也實際當上了喜劇演員。

如果由我來將喜劇演員分解成「喜歡的事物」與「討厭的事物」，那麼結果就會是這樣……

I. 喜歡的事物：能夠逗別人發笑
II. 喜歡的事物：能夠變得有名
III. 喜歡的事物：能夠變得有錢
IV. 討厭的事物：走紅之前都必須過著深夜打工的貧困生活
V. 討厭的事物：如果不走紅就會不斷地被周圍的人看不起

除此之外還有很多，但總而言之，「喜歡的事物」與「討厭的事物」混雜在一起。如果能夠只持續從事「喜歡的事物」當然最好，但是在走紅之前「討厭的事物」占了較大的比重，在精神上也開始變得消極，結果被逼到難以持續下去。

例如我在租車店打工時，曾在半夜2點邊在外面洗車邊想「如果這樣的狀況持續到45

圖35◆整理自己的根本

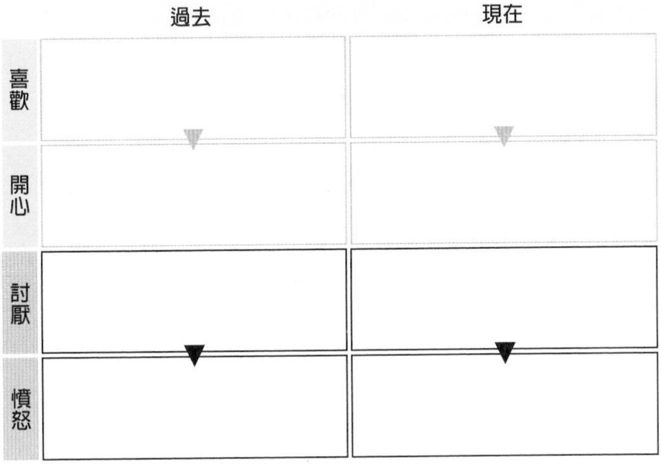

歲，我的人生會變成什麼樣子呢……」隨著不紅的日子愈來愈長、年紀愈來愈大，感受到這種恐懼的間隔也就愈來愈短，就是這樣的機制把我逼到辭去喜劇演員工作。

接下來再次向各位說明填寫這份圖表的方法。

①列出過去的「喜歡」與「討厭」

爲什麼不從現在的部分開始填寫呢？因爲就如同我在前面所說的，很多人根本就想不起來自己的欲望是什麼。因此請回想自己的過去，切入點無論是童年、學生時期還是新進員工時期都可以。請大量列出當時自己喜歡的事物與討厭的事物。

②列出過去的「開心」與「憤怒」

而有些「喜歡的事物」在實踐之後會感到「開心」與「喜悅」，請將這些經驗與故事列出來。同樣地，「討厭的事物」中，也有一些在實踐之後感到特別地「憤怒」或「自卑」，也請將這樣的經驗與故事列出來。

接著採用與①②相同的作法，列出現在的部分。而列出來的項目當中，我認爲最重要、最值得注意的就是「憤怒」與「自卑」。

重點

將「討厭」化為言語，「喜歡」就會變得更加清晰。

憤怒是原動力

「憤怒」與「自卑」爲什麼重要呢？因爲其背後就很有可能存在「帶有自我特色的目

的」，我想應該也有人頭上浮現出兩百個「?」，接下來將具體說明。

舉個容易理解的例子，請想像一下職場中常見的「憤怒」與「自卑」。

①憤怒：年輕員工不斷辭職

帶有自我特色的目的：能夠讓年輕員工發揮的組織比較好

②憤怒：工作量這麼大，薪水卻很低

帶有自我特色的目的：希望薪資水準能夠反映工作的分量及成果

③憤怒：（對自己的）：成爲喜劇演員是小學二年級以來的夢想，結果卻不紅

帶有自我特色的目的：不要放棄人生，用其他方法變得有名、有錢

透過這個例子可以知道，憤怒的背後都隱藏著「希望變成這樣」或「想要這樣做」的欲望，而正因爲自己或對方達不到這樣的欲望，所以欲望無法被滿足，於是湧現出「憤怒」與「自卑」的情緒。

請再次問自己，你過去感受到的「憤怒」與「自卑」，以及現在感受到的「憤怒」與「自卑」到底是什麼?而**存在於其背後的「帶有自我特色的目的」又是什麼呢**?

「你在小學時放棄了什麼事物呢？」
「你因爲父母反對而放棄的事物是什麼呢？」
「你因爲覺得不切實際而放棄，決定變回一般人的事物是什麼呢？」
「你因爲遭到周圍批評而放棄的事物是什麼呢？」
「你拿年齡當藉口而不去嘗試的事物是什麼呢？」

正因爲不知道世人一般所謂的「常識」是什麼，正因爲無知，所以才能看見原本描繪的帶有自我特色的目的。而這樣的目的很有可能不只一個。

附帶一提，我帶有自我特色的目的如下，看了讓人覺得「眞不愧是前喜劇演員」。

・「想要滿足自我表現欲」
・「想要變得富有」
・「想要成爲創造時代的人」
・「想要成爲建立國家的國王」
・「想要把人生奉獻給雖然放棄夢想，卻沒有放棄人生的人」

・「想要打造員工能夠認眞開玩笑的公司」

身爲經營者的我，目的混雜了利己性與利他性。但就算目的只具備利己性也不要害羞，請把自己的眞心話寫出來。

人們多半會覺得把想要賺錢說出口的人很骯髒或膚淺，也會嘲諷那些把利己的欲望掛在嘴邊的人「自我中心」。我從學生時代至今，已經不知道被說了幾千次。雖然我也曾多次煩惱並試圖改善，但現在覺得這些都無所謂了。因爲我現在成了經營者，嘲諷我「自我中心」的人完全不存在，我所獲得的評價是「擁有大膽的願景」。

一個人的特色可被視為優點，也可被視為缺點，端看他處在什麼樣的立場，承擔什麼樣的角色。再加上他人的評價說變就變，幾乎沒什麼意義。

那些你既不尊敬，對你來說也誰都不是的人，請忽視他們的意見。

附帶一提，就算是這樣的我，也很害怕公開承認自己擁有強烈的自我表現欲。「如果別人覺得我器量狹小該怎麼辦……」這樣的想法讓我踩了剎車。於是我開始思考，該如何展現自我表現欲才不會被覺得氣量狹小呢？最後我試著將自我表現欲隱藏在我所經營的公

司首頁中。

上圖是首頁畫面（動畫）。這張圖有什麼意義呢？這是我所想像的公司未來樣貌。

在未來將擴大規模，建立了一座城市。城市的正中央建造了一座城，而我想在旁邊的休憩廣場豎立自己的銅像。

你聽到這裡是怎麼想的呢？我想你應該不會覺得這個人真是自我中心……有些人或許會嘴角微微上揚，似笑非笑地心想**「這個人到底在說什麼……」**。

如果躲躲藏藏地展現自我表現欲等自己的欲望，並不會引來笑聲。但**若是徹底揭露，就會昇華成為笑料，光是告訴別人自己擁有高度的自我表現欲，就能引人發笑**。現在已經成為與對方開始關係時能夠使用的話題。

重點

憤怒中隱藏著你想實現的欲望。

製作「胃部翻騰筆記本」

接下來介紹第二點「②持續爲了滿足欲望而行動」的方法。

老實說，即使意氣風發地設定了目的，行動也難以持續。尤其根據「憤怒」與「自卑」設定目的，到了某個時間點絕對將難以爲了滿足欲望而持續行動下去。

爲什麼困難呢？我認爲理由有三個：

①「憤怒」與「自卑」逐漸隨著自我實現而消失

②隨著重視的價值觀改變，漸漸變得不再在意

③隨著時間過去，「憤怒」與「自卑」逐漸被遺忘

①與②是隨著自己的成長而消失，因此我認爲是非常幸福的事情。請把憤怒與自卑忘掉，拋開束縛自由地在世界翱翔吧！株式會社俺將頒發給你畢業證書。

但③卻是完全不同的情況。儘管什麼都沒有解決，也什麼都沒有實現，卻在內心的某處放棄，對其視而不見。爲了避免演變至③，有些喜劇演員會實踐一個方法。

那就是**將每天感受到的「憤怒」寫成筆記，統稱「死亡筆記本」**。

「死亡筆記本」這個統稱聽起來太不吉利，因此我給它一個有點奇怪的名字「胃部翻騰筆記本」。

我都記錄哪些事情呢？具體來說我會記下每天感受到的「憤怒」，而記錄時則根據以下兩個觀點。

第一是**對別人的「憤怒」**。

・不紅的菜鳥演員時期，節目製作人把我的段子批評得體無完膚。
・不紅的菜鳥演員時期，遭到寫真偶像的失禮對待。
・成爲上班族與經營者後遭到冷漠對待（包含工作與私下）。

我會寫下具體的情節與姓名。但關於內容方面，現在已經很少感受到「憤怒」了，多半都成了美好回憶。

我想這倒不如說，**感受隨著時間而改變是正常的，不要受困其中更能度過美好人生**。但不是每個人都如此寬宏大量。我也會回顧那些至今仍讓我感到憤怒的事情，並且燃起鬥志，心想「給我走著瞧！你這個渾蛋！」

重要的是第二個觀點。

第二個觀點是對自己的「憤怒」。

・不紅的菜鳥演員時期，在重要的舞台上無法鼓起勇氣往前一步。
・成爲喜劇演員是我從小學二年級以來的夢想，結果卻不紅。
・擔任上班族時，因爲能力不足而丟掉上司交接給我的客戶。

·成爲經營者後，因爲管理能力不夠成熟，留給員工痛苦的回憶。

我把當時無法原諒自己的部分寫下來。因爲我認爲，**忘記這份憤怒，就相當於放棄自己的未來**。爲了不要讓自己變得如此可悲，我會將這些「憤怒」累積起來並且反省自己。接著對這個可悲的自己大喝一聲「你這個渾蛋！好好去做！」激勵自己往前踏出一步。

請務必將你不想忘記的「憤怒」儲存在「胃部翻騰筆記本」裡，並且不斷地追求欲望，達成帶有自己特色的目標，直到能夠將一切放下爲止。

此外，再告訴大家一個製作筆記時的注意事項，那就是絕對不要把筆記本搞丟。如果只寫對自己的「憤怒」就算了，但我想裡面還寫了許多別人的壞話，如果搞丟可能會引發悲劇。千萬不要把筆記本帶出門，並且請在死前燒掉。

重點

寫下「對別人的憤怒」與「對自己的憤怒」。

用說出口來滋養煩惱

最後將介紹第三點「③讓欲望變得更加清晰」。

首先爲大家介紹最好預先了解的常見失敗案例。

那就是儘管試著根據本書的描述釐清並設定自己的目的與目標，但目的卻不夠具體，日後回過頭來看，也經常會埋頭苦思**「所以我到底想做什麼？」**

爲了避免陷入這樣的失敗，需要「將自己的欲望告訴別人」。我從喜劇演員轉行到創業者，與人交流對我而言可說是再自然不過的事情，但我最近仍然透過自己的生活經驗發現像這樣「告訴別人」有多麼重要。事實上，這當中隱藏著三個強大的好處。

・第一，將自己的想法化為語言

即使已經將目的寫成文字，在試著說給別人聽時，也可能發生別人遠比想像中更難聽懂的狀況，或者即使告訴別人，別人也興趣缺缺。此外，將尚未具體化的內容告訴別人，或許也能夠透過別人的發問來促進言語化。

・第二，創造一個無法逃避的環境

就如同先前提過的，很多人雖然覺得建立關係眞的很重要，最後卻都在不知不覺間放棄，不再持續行動。所以爲了確保絕對會達成目的，可以把目的告訴別人。

舉例來說，我在人生當中第一個告訴別人的目的就是「我不讀大學了，我要休學去當喜劇演員」。就某方面來說，我害怕主動選擇放棄理所當然的人生，所以我爲了下定決心，創造了一個不下定決心就很羞恥的局面，並且把自己逼到這個局面裡。這個決定是我人生中的第一個重大挑戰。從此之後，包含創業在內的許多決定做起來都意外地簡單輕鬆，不會感到恐懼。

・第三，增加夥伴與粉絲

再強調一次，設定帶有自我特色的目的，可能會被別人討厭。但另一方面，也因爲目的奇特，所以有機會結交強烈的夥伴。

像這樣清楚地描述帶有自我特色的奇特目的，就能夠結交夥伴，獲得能夠協助你達成目的的粉絲。

重點

把煩惱化為語言並告訴別人，煩惱就能成長。

讓漫畫主角住進你心裡

雖然你已經做了如此之多的準備，並且開始邁步前行，但如你所知，人生往往不如人意……我也數不清自己有多少次因此而灰心喪志……

那麼具體來說，人生到底存在著多少不如意呢？大家聽說過「規畫的偶發事件理論（planned happenstance theory）」嗎？這是史丹佛大學教授約翰．克朗伯茲（John D. Krumboltz）在二十世紀末提出的職涯規畫理論。克朗伯茲認爲，**「個人的職涯80％是由出乎意料的偶發事件決定」**。爲了在遇到這種非預期的偶發事件時能有最好的發揮，必須累積經驗，建立更好的職涯」。

爲了避免誤會，在此簡單補充一下。人生充滿不如意並非接連遭遇不幸，**有時也會發生意想不到的好事**。我想大家只需好好品味，不用太過悲觀。

換句話說，擔憂人生中有80％的事情無法如願也沒有意義，最重要的仍是如何在不如意的狀況下愉快地往前邁進。話雖如此……人們並沒有那麼堅強。這種時候，我就會讓漫畫主角住進心裡。

舉例來說，漫畫主角會如何激勵自己呢？

・《七龍珠》的孫悟空在強敵出現時，反而會說「歐拉，這讓我好興奮啊！」準備享受困境。

・《火影忍者》的漩渦鳴人在被強敵打到遍體鱗傷，別人勸他「放棄」時，他會說「你死心吧，我可是永遠不會放棄的！」，無論何時都不放棄勝利。

・《我的英雄學院》的綠谷出久不會把缺乏天賦當成藉口，他說「人生來就不平等，這是我四歲時就知道的社會現實，而那是我最初也是最後的挫折。」

請讓這些擁有堅韌心智的漫畫主角住進你心裡。

我也曾遭遇過無數次挫折，眞的多到數不清。

・我從小學二年級就嚮往搞笑的世界，入行後卻不紅，不知道有多痛苦。
・開始上班的第一年完全沒有做出任何成果，不知道多少次爲了自己的無能而哭泣。
・成立公司卻沒有業績，導致公司遭遇生存危機，每天的壓力使我鼻血流不停。
・五分之四的工作因爲疫情而消失，一想到今後的狀況就害怕得發抖

尤其是在這種不如意的痛苦狀況下，以及因爲害怕而發抖的時候，更是需要想像漫畫主角會說什麼。同時要強迫自己露出笑容開口說：

「呵……又開始變得有趣了呢！」

其實這樣的狀況一點也不有趣，我已經急到冷汗都冒出來了。

但是，把嘴角往上拉，笑著說出這句話後，心情多少變得輕鬆一點。接下來，請再度爲了達成帶有自我特色的目的，顫抖著雙腿往前邁進。

我在接受煩惱諮詢時，一定會送給對方一句激勵的話。

「你一定做得到！」

到此爲止的內容，都是爲那些能夠創造出帶有自我特色目的的人所寫的，但我想也有人眞的想不出這樣的目的。

就連我自己，也曾經失去人生目的，每天渾渾噩噩過日子，這段眞的「不知道該做什麼的時期」相當漫長。那麼在這段時期當中，該怎麼做才能找出帶有自我特色的目的呢？我運用了三個方法。

重點

準備好面對逆境的台詞。

創作一百句仿歷史名言

首先推薦的方法是**「創作一百句仿名言」**。這個方法的重點在於「仿名言」，而不是眞的名言。如果現在就試圖創作名言，只會把門檻拉得太高，導致自己在執行時產生心理障礙。

名言之所以會成爲名言，想必也不是因爲創作者本人說「這是一句名言」，而是因爲四周的人都認爲「這句話實在太棒了」，於是才成爲足以載入史冊的名言。話說回來，那些留下名言的歷史人物所說的話全部都是名言嗎？當然不是，其中也有日常對話，當然也絕對包含一些「很普通」的內容。

留下歷史名言的人物也會說出一些平凡的話，因此**我用「仿名言」這個形容來降低門檻，請養成平常就用言語表達自己感受的習慣**。我將自己的感受寫成一百句名言發布到社群網站上，同時也像第5章所介紹的，建立自己的粉絲群。附帶一提，我花了多少時間創作這一百句仿名言呢？答案是「二〇一六年三月九日至二〇一七年八月二十六日」。其中當然也包含了一些草率之作……但因爲是仿名言，大家就高抬貴手吧！

仿名言有哪些呢？以下簡單介紹二十句。

①別老是投變化球。如果連直球都投不好，就只是不會投球。

②改變環境無法改變任何事，除非改變自己。

③坂本龍馬什麼的確實了不起。但誰說你不行？

④別光思考！先感受，再思考！

⑤少年啊，既然胸懷大志，就不要猶豫，立刻挑戰吧！

⑥冒險吧！沒有風險的地方就沒有價值。

⑦既然如此，就做個畫大餅的人吧！

⑧成功者的故事裡有提示，但沒有答案。

⑨討厭別人，就代表別人也討厭你。

⑩不受金錢驅使的人擁有富足的心靈。

⑪愈是艱難的時期，愈是只能挑戰。

⑫持續面對自己的弱點就是強大。

⑬對錯是誰決定的？只是在規則中才能安心罷了。

⑭我就算每天讀書八小時，讀一百年也上不了東大。只是在浪費時間。

⑮人生本來就是無聊的，所以才需要娛樂。

⑯徹底地花幾個小時說別人的壞話吧！如果仍無法消除對他的厭惡，就代表你心胸狹隘。

⑰理論真的很僵硬。如果不自己拆解吸收再利用，就只是一堆羅列的文字。

⑱就算不是真心，還是可以道謝啊！又不會少一塊肉。

⑲無論是把「想賺錢！」說出口就被視為罪惡的文化，還是「真正目的不是錢吧？」的問題，全部拋到一邊去。因為沒賺過錢就不會懂。

⑳工作就不能享受嗎？真是愚蠢至極。

再次回顧這一百句話，依然覺得它們已經成爲我現在思考的養分。請像這樣**把自己感受到的事情、想到的事情化為語言**。愈是用語言表達，想法就會愈清晰。並且孕育出堅定的自己。至於效果呢？看看現在的我就知道了。是不是在好的意義上很特殊呢？

重點

用自己的話語激勵自己，而不是用別人的話語。

不是教練，而是「硬性指導型教練」

我因爲從事顧問業，每年都會與超過一百人面談，但說老實話，能夠清楚且明確地說出「我想做〇〇」的人少之又少。

即使像教練一樣透過發問的方式，挖掘他們過去的經驗，試圖從中抽取出「想要做的事情」，但問不出來就是問不出來，或者即使沒有想做的事，也問不出「想成爲什麼樣的人」。爲什麼問不出來呢？我想理由不出以下兩個。

．第一個理由是，過去的想做的事情堵在心裡無法說出口

這是因爲過去「想做的事情」沒有實現，就這樣擺在心裡，導致心被堵住而無法發現新的想做的事情。

我認爲解決這個問題有個重要的方法，那就是回顧過去想做的事情，現在重新再試一次。可能是「玩樂團」「開蛋糕店」，也可能是「買很多零食來吃」，取決於當時想做的事情堵住的年齡。

・第二個理由是，缺乏抽取出想做的事情的經驗

只有一項經驗的人與有過一百項經驗的人，抽取出想做的事情的資訊量有著天壤之別，這代表人生經驗壓倒性地不足。

解決的方法就是**去經歷更多事情**。我建議你一頭栽進嘗試過後稍微產生興趣的活動裡，並且全心全意地累積經驗。

沒錯沒錯，你想說的我都知道。

也有人心想「那不是浪費時間嗎？」

結論是時間絕對不會浪費。因爲人生存在著兩種時期，分別是**「加深的時期」**與**「拓寬的時期」**。前者是在確定自己想做的事情後，全心全意投入其中，專注累積大量經驗。

「拓寬的時期」則是在不知道自己想做什麼的時候，與其抱怨「自己沒有想做的事情」，不如將其視爲拓寬自己視野、知識與經驗的時間，抱持著興趣廣泛地嘗試並體驗各種事物。

這兩段時期會定期輪替。如果「加深」之後覺得有點不對勁，就改爲「拓寬」，而在拓寬時如果發現想做的事情，就轉爲進行「加深」。

「你現在處於哪種時期呢？」

無論如何，這兩個理由的解決方案都是「行動」。但如果行動時仍然抱持著原本的想法，問題依然無法解決。換句話說，在遭到偏見束縛的狀態下行動不可能帶來創新。這時想要告訴大家的方法就是「硬性指導型教練」。

什麼是硬性指導型教練呢？這是**我們公司為了突破習得性無助感所開發的手法**。

簡單說明一下習得性無助感，各位聽過被鐵鍊拴起來的大象嗎？馬戲團的大象從小就在腿上栓一條鐵鍊，讓牠們逐漸學到自己無法逃離馬戲團。即使後來長成了強而有力的大象，也因爲已經學習到自己的無助而不再試圖逃離。

透過這一連串學習所獲得的無助感就稱爲「習得性無助感」。如果一個人在不知不覺間反覆地經歷挫折與來自他人的否定等，就會像馬戲團的大象一樣，學習到自己的無助。具體來說，就算自己下定決心採取行動，也會爲自己設下界限，例如「應該很難再往前一步了……」「做到這樣就差不多了吧……」「這應該不是現在的我可以做到的」等，最後將變得破壞不了鎖鍊。

這時就採取「硬性指導型教練」這個方法，由客觀來看與鎖鏈完全無關的他者，不負責任地決定你的行動，藉此獲得意想不到的經驗。

具體來說，我至今曾規定諮詢者要採取哪些行動呢？雖然大小各異，但對於那些「沒有想做的事情」的諮詢者，我不會要求他們「不顧一切去做點什麼」，而是「建議他們從任何人都能做到的一小步開始」。

舉例來說，「沒有想做的事情」的人，多數都不知道世界上存在著哪些工作。所以我會告訴他們**「首先去讀《四季報》，調查看看有哪些工作、哪些業界正在成長」**。

有些人或許會想「這樣的小事也可以嗎？」但無論是多大的公司、多出色的服務，都是從「今天開始就能做到的一小步」累積而成。透過「硬性指導型教練」反覆決定許多一小步以累積成功經驗，必定能夠萌生「我來嘗試看看這件事……」「我或許可以在這方面下工夫……」等自我的意志。

事實上，我至今已經對超過一百人實施「硬性指導型教練」法，並獲得了超乎想像的成果，有些人**「提出新的事業方案，被任命為計畫經理」**，有些人**「從喜劇演員轉行一年半就出人頭地」**等。

請務必找出能夠信任的夥伴，告訴他們「不負責任也沒關係，請最大限度想像我的成長空間，並給予我建議」，他們絕對能夠給你足以破壞鎖鏈的有價值建議。

重點

如果不知道想做什麼，就去讀《四季報》吧！

為自己取個新稱號

雖然這是爲了想不到帶有自我特色目的的人所寫的，但最後想要告訴大家效果最好的第三個方法。第一個方法「仿名言」與第二個方法「硬性指導型教練」都可以輕鬆實踐。

但第三個方法我建議大家認眞執行。因爲這個方法效果非常好，如果產出的成果馬馬虎虎，必定會被馬馬虎虎的部分拖累。在實踐第三個方法時，尤其必須注意**「自己是否雀躍期待？」**思考時請務必認眞地樂在其中。

這到底是什麼方法呢？那就是「爲自己取個新稱號」。

首先說明取名的重要性。舉例來說，假設你養了一隻寵物狗。絕對不會有人不幫狗取名字，一直叫牠「狗」吧？一定會幫狗取個名字。因爲養育有名字的狗，就能產生親密感並建立依附關係，讓寵物逐漸變成家人。如果一直叫牠「狗」，依附關係就難以建立，這樣的情況不難想像。

換句話說，**取名字具有改變人們意識的力量**。

那麼，就請你為自己取個稱號吧！為了那些沒有概念的讀者，我舉幾個周圍取稱號的方式作例子。

・「次世代的王牌」：還沒做出業績，希望盡快獨當一面的菜鳥業務A。
・「明星讀書家」：不擅長讀書，希望自己好好閱讀不要偷懶的B。
・「溝通怪物」：不擅長與人交流的C。

請想像周圍的人以自己設定的「稱號」稱呼你的情景，如果你會露出開心的微笑，那麼這就是適合你的稱號。請務必愉快地為自己取個稱號，一定能夠找到讓你心情雀躍的「帶有自我特色的目的」。

重點

不要小看稱號。請為自己取個偉大的稱號吧！

第6章總結

1 如果不持續，就難以磨練溝通能力。

2 你的欲望隱藏在憤怒中。

3 在筆記本寫下「對別人的憤怒」與「對自己的憤怒」。

4 化為語言、告訴別人，煩惱就能成長。

5 準備面對逆境的台詞。

6 用自己的話激勵自己，而不是用別人的話。

7 增加輸入的體驗，自然就能發現想做的事情。

8 為自己取個驚人的稱號。

第7章

建立輕鬆、有心理安全感的團隊

到此為止，我已經在第1章至第6章說明了建立關係的三個階段「開始關係：對這個人產生好印象」「持續關係：想更加深入了解這個人」「深耕關係：希望成為這個人的助力」，以及該如何持續使用這些技巧的方法。

當你超越這三個階段後，自然就能逐漸地出人頭地。支持你的人增加，在公司也會漸漸變得更好做事。別人將遠比過去更容易接納你的意見，日常工作也更能夠取得成果。

接著，你升職成為管理者，職業生涯開始面對新一階段的挑戰。但管理者與一般員工的差異可不止這些。隨著職位的改變，建立關係的目的與方法也會發生變化。

作為一般員工，你已經取得了一些成績，所以無論好壞，你對自己的工作都有些自負。當這樣的你成為管理者後，就會在下屬犯下工作失誤時，強行將自己的理想加諸於他們身上，心想「為什麼他們做不到呢？」或者「如果做不到這點程度的事情會很麻煩」。最後你就會變成一個連團隊逐漸開始分崩離析都沒有察覺的人。

其實，這全部都是我的故事……

我成立了株式會社俺，第一本書《「搞笑」是最強大的商業技巧》也成為暢銷書，或許因為這樣讓我變得自負起來。儘管我如此強調建立關係的重要性，卻依然把自己「對工作的價值觀」強行加諸於員工身上，導致他們很快就辭職了。

中北軍團實現了0%的離職率，但中北創立的公司卻讓員工很快就離職……真是諷刺。

於是，我再次意識到。我以爲自己已經成爲一個擁有頭銜與實績的偉大人物，但這個想法大錯特錯。

「我就是個平凡的中北」這點絕對不能忘記。

重點

管理者需要管理者的溝通技巧。

管理者這種可悲的生物

言歸正傳，你聽過「上司扭蛋」嗎？上司扭蛋是將上司比喻成扭蛋的形容，意思是不打開就不知道裡面是什麼。這當中也隱含了「部下無法選擇上司」的意思。

某個問卷調查裡面有一題是「在你目前或過去擔任正職員工的公司中，是否有過上司扭蛋抽失敗的感覺？」對於這個問題，81％的人回答「有」。

雖然這是個遺憾的消息，但也代表在日本這個國家，失敗的上司多到令人恐懼。在此也附帶介紹回答「有」的前三大理由，分別是**「指示難以理解，缺乏一貫性」「態度高高在上」「動不動就生氣，很容易變得情緒化」**等，聽起來都很理所當然。

但這眞的只是上司的問題嗎？

我看到這個關於「上司扭蛋」的問卷時，內心湧現疑惑「這是眞的嗎……」。因爲社會上雖然充滿了「上司扭蛋」的問卷，卻幾乎沒看過站在上司立場的「部下扭蛋」問卷。

這個疑惑的背景在於，溝通基本上是相互關係。雖然職場上偶爾也存在著會做出職權騷擾或性騷擾的壞人，也不能說關係全然都是相互的，但多數情況下是如此。

我因爲職業的關係，在接受許多企業的諮詢時，非常容易聽到相互關係瓦解的抱怨，已經近乎於哀號。

具體來說是什麼內容呢？那就是**管理者「無法指責」部下**。

我認為發生這個問題的其中一項主要因素，就是心理安全感的重要性被錯誤地推廣。心理安全感變成了通常被用來保護部下的詞彙，而部下本身也主張心理安全感，因此發生「部下遭到指責就立刻擺臉色」「說得太過分就辭職」等狀況，導致上司為了避開風險，面對部下時也經常變得「小心翼翼」。

我從某間公司聽到的故事可說是這種狀況的代表案例，因此稍微介紹一下……

上司問某位在會議中沒有發言的年輕員工說「你有發表什麼意見嗎？」員工回答「沒有」。結果會議結束後，年輕員工把上司叫出去抱怨：

「請不要在那種缺乏心理安全感的場合要求我提供意見。」

你聽了這個故事做何感想呢？

我由衷覺得：「為什麼管理者是如此可悲的生物啊！」正因為大家都崇尚自在的工作環境，所以接手部下的工作，減少他們加班的狀況，結果卻在背後被批評成不值得尊敬，甚至還被說成是抽失敗的上司扭蛋。這份工作也太沒有成就感了吧……

而雪上加霜的是，據說年輕員工有這樣的傾向「雖然工作太辛苦會辭職，但工作太輕鬆也會因爲缺乏成長的感受而辭職」，讓人忍不住想吐槽「反正不管怎樣都會辭職啦！」

正因爲發生了這樣的狀況，導致上司完全沒有心理安全感，「無法指責」的狀況正加速惡化。如此一來，上司本身也不可能愉快地工作。

重點

上司變得比部下更難生存。

受歡迎上司的條件，其實都很理所當然

到此爲止，爲了讓大家理解管理者隨著時代變遷的現狀，討論的都是偏向消極面的話題。但其實問題說不定沒有那麼複雜。

「上司扭蛋」問卷中還有一個問題，那就是「在你目前或過去擔任正職員工的公司中，是否有過上司扭蛋抽到大獎的感覺？」對於這個問題，70.8％的人回答「有」。

圖36◆建立關係三個階段（上司版）

1	開始關係	（對方覺得） 對這個人產生好印象
2	持續關係	（對方覺得） 想從這個人身上學習
3	深耕關係	（對方覺得） 希望成為這個人的助力

參考中原淳、小林祐兒、PERSOL綜合研究所著
《社會人的必修講義 轉職學 豐富人生的科學性職場行動》
（KADOKAWA，2021年4月）

這個結果能夠讓我們重新發現，日本這個國家的上司還沒有被拋棄。

而排名前三的理由分別是「容易溝通」「爲人值得尊敬」以及「善於照顧人」，這些都是身爲管理者理所當然的特質。尤其回答第一大理由「容易溝通」的人，更是占了42.9％。

由此可見**建立關係依然重要**。就如同最一開始也提到的，成爲管理者之後，建立關係的目的與方法也會變得與一般員工不同。只要掌握這點，就不會像我一樣，遭遇部下立即辭職的絕望狀況。

接下來將附上我打從心底的保證，具體解說建立關係的三個階段。

如圖36所示，**「②持續關係：（對方覺得）想從這個人身上學習」**與前面所介紹的目

的有所不同，這主要是因爲管理者所扮演的角色。

身爲管理者，如果不能讓人覺得「想向這個人學習」，那麼即使「指正」對方，對方也不會聽從。如此一來，建立關係本身就會變得困難。當今年輕員工的另一個傾向是**「很快就放棄」**。可怕的是，一旦他們判斷這個工作對自己沒有意義，就會立刻考慮離職，並且打開求職網站填寫履歷。當然，也有一些部下只因爲地位不同就願意服從。但你想「持續關係」或「深耕關係」的優秀部下，不可能只因爲這樣的上下關係就讓他們服氣。這樣的程度是不夠的。

那麼，到底該怎麼做才能讓部下產生「②持續關係：想從這個人身上學習」的想法呢？個人化的管理固然重要，但如何建立團隊也同樣不容忽視。請務必深入探討。

重點

管理終究也是溝通力。

請把「上司該有上司樣」的觀念遠遠拋開

首先有兩個觀念必須盡快轉換。分別是「①拋開上司該有上司樣的觀念」，以及「②上司更應該享受工作」。

接下來想要針對第一點「①拋開上司該有上司樣的觀念」進行解說。

不知道什麼時候產生了這樣的錯覺，只不過成爲了上司，就誤以爲自己**「必須什麼都知道」「不能示弱」「面對工作必須一本正經」**等。至於產生這些錯覺的理由，有很大一部分也來自部下嚴格要求「上司就要有上司的樣子」。

具體來說，年輕員工提出了哪些要求呢？以下介紹幾個我們公司透過研習與面談所聽到的具體意見。

- 剛開始提出稍微逼迫自己一下就能完成的課題，習慣之後再出難度較高的課題。
- 指導時雖然嚴格，但仍保有關愛，工作之外相處起來很親切。
- 相處時距離感適中，氣氛良好。此外，也希望上司多稱讚我。

·不只可以聊工作話題，也能聊私人話題。相處時能夠切換上下班模式。

這些要求困難到幾乎讓人懷疑是不是聽錯了。但從這些要求當中也可以窺見，年輕員工對上司的要求雖多，主動與上司建立關係的意志卻很薄弱。而就算不是如此單方面的要求，你想必也曾或多或少有過「希望上司能夠做到○○」的感受。

首先必須解開「上司要有上司樣」的誤會，因爲這個成見已經成爲糾纏著你與部下的咒語。換句話說，你必須要有「自己只不過有了上司的頭銜，而這個頭銜沒什麼了不起」的認知，同時也把這樣的認知告訴部下。

爲什麼必須告訴部下這個近乎害羞的認知呢？因爲這麼做能夠改變他們所追求的領導者形象。

我將領導者的形象分成兩種並簡單說明。如圖37所示，左邊是「王者天下型」，右邊是「海賊王型」。

【王者天下型】

由一個明星型領導者發揮強大的領導力帶領整個團隊。團隊的價値觀是統一的，而且沒有人質疑。

圖37◆兩種領導者形象

王者天下型
領導者帶領
發揮強烈的領導力
帶領部下
海賊王型
領導者獲得幫助
揭露不完美的自己，
在彼此截長補短中前進

【海賊王型】

領導者承認自己並不完美，在彼此截長補短中前進。此外，團隊的價值觀存在差異，難以統一。不過，大家的目標方向都是一致的。

公司或團隊的某些階段、策略推動的時機等，「王者天下型」也能發揮效果。然而，在「自由主義」思維普及的今日，每個人心目中「完美的領導者形象」各不相同，**不可能成為所有人都覺得完美的「全知全能，如神一般的領導者」**。

因此，請拋開「上司該有上司樣」的觀念，害羞也沒關係，請試著敞開心扉告訴部下「我有很多不擅長的事情……」。如此一來，應該立刻就能達成部下對管理者「容易溝通」的要求。

我的團隊中，有許多「比我優秀」的人。笨手笨腳的我，總是有意識地老實承認自己的「不擅長」與「需要幫助」。當然，重要的決策與責任，就由我來扛。

如果我還是和最早的員工加入時一樣，把自己的「工作價值觀」強加於員工身上，捍衛無關緊要的自尊，我想這家公司早就收起來了吧！

重點

上司的任務不只是帶領部下。

上司也可以享受工作

接下來想要介紹第二點「②上司更應該享受工作」。就如同本章前半部所介紹的，現在的管理者置身於嚴酷的環境，甚至讓人覺得「管理者為什麼是如此可悲的生物啊！」

不過，如果不打破管理者本身無法享受工作的狀況，就什麼也無法解決。因為如果不這麼做，**最後只會讓部下在看著工作的管理者時覺得「對工作缺乏熱情」「看起來一臉不**

圖38◆經驗學習力模型

松尾睦著《從一件事中學到十件事的經驗學習法則》

幸」，甚至感到「這間公司沒有未來」。接著發動他們很快就放棄的技能，不要說阻止他們了，反而還加快速度離職。

這樣下去眞的沒問題嗎……？

當然，大家都已經知道了，這樣下去怎麼可能沒問題。

你聽過「經驗學習力模型」這個理論嗎？這是經驗學習的權威松尾睦所提出的理論。

簡單說明這個理論，這個模型中最重要的是「思想」&「連結」，而在「挑戰」「反省」「享受」工作時，能夠學到許多事情。「思想」指的是從事工作時所重視的思考方式與價值觀，「連結」指的則是與他人之間的關係。

換句話說，管理者必須先把「爲部下好」

的念頭放在一邊，首先**重新思考該如何「讓自己享受工作」**。否則不要說個人的成長了，甚至連團隊的成長也會鈍化。

重點

上司也該為自己工作。

因為微笑很詭異，所以乾脆大笑

首先，為了「享受工作」，有一件事情需要改善。那就是**你在不知不覺中散發出來的「壓迫感」**。正如第1章所說的，笑容能夠有效地改善這個狀況。再者，笑容還能提高幸福感，因此自然還有增加「工作樂趣」的效果。

此外，你的表情也會大幅影響周圍的人，尤其管理者可怕的表情，就和《神隱少女》中的「湯婆婆」具有同樣的壓力。

附帶一提，據說某間公司的年輕員工，還會在上班時觀察管理者的表情，判斷「今天是好運上司」或者「今天是壞運上司」，透過上司表情占卜每日運勢。

最理想的狀況是從根本的心態開始改變，但這很難一朝一夕就做到，所以至少必須改變「表情」這個表面的部分，展現「享受工作的面孔」，如此一來，心態也會漸漸跟著改變。

那麼，要改變就改個徹底吧！

因爲平常「不笑」的人，即使稍微改變表情，也不會改變別人對你的印象。所以**乾脆不要練習「微笑」，改為練習「大笑」**。

當然，我想在沒有任何脈絡的情況下「大笑」是一件困難的事情。如果是這種情況，只是笑得比平常更大聲也可以。需要注意的是，平常不笑的人若是抱持著半吊子的心態練習微笑，會導致笑容僵硬，這樣只會讓部下在社群網站上抱怨「上司最近很詭異……」。

當管理者在職場上笑得比平時更開懷時，心理安全感就會更容易建立。因爲「笑」是一種自我揭露的行爲。平常在職場上看到別人眞情流露的情況，頂多只有「憤怒」或「悲傷」不是嗎？

舉例來說，當我們看到「因爲悲傷而哭泣的人」，自己也會「感到悲傷」，人的情緒是會感染的。所以心理安全感的兩大要素是①創造安心安全的環境，以及創造②易於挑戰，能夠表達自己意見的環境。

大笑曾帶來讓我印象深刻的效果。我曾爲一家公司管理者設計了一個「大笑」的破冰練習。結果某位平時表情嚴肅，氣場讓人難以接近的管理者，開始練習大笑時，發出了「嘎哈哈哈哈－哈哈－嘎哈！」彷彿暴走小丑般的笑聲。正因爲這個人平常都不笑，所以調節的螺絲好像鬆脫了一樣。

會場一度因爲驚訝而凍結，但片刻之後就充滿了爆笑聲。

變化就從這裡開始。

幾個月後，我收到這位管理者感謝的郵件。

前陣子感謝您的指導。

我開始意識到在職場上要笑得更開懷。雖然剛開始讓人有點害怕……但我逐漸發現自己周圍的笑容也變得愈來愈多。我所感受到的最明顯的變化是，前幾天第一次有部下來找我商量他的煩惱，這讓我又驚又喜，特地寫信來感謝您。

人們往往會覺得改變的只不過是表情……但我認爲，無法順利建立關係的第一個瓶頸，就是這點程度的事情。

工作時即使只是裝出一副「享受工作的表情」，也能傳染給周圍的人，讓他們露出笑容。因爲就如同我在第5章要求你畫出人物關係圖一樣，人際關係全部錯綜複雜地串連在一起。請務必愉快地實踐！

重點

不擅長微笑的人，乾脆練習大笑。

當今時代正需要「指責力」

到此爲止，我們已經說明了在讓部下產生「持續關係：想從這個人身上學習」的想法之前，必須盡快做到的兩件事。接下來將進入正題，也就是說明如何讓部下覺得「持續關係：

想從這個人身上學習」的具體方法。

正如同前面提到的，部下處在一種極其敏感的狀態，無論「嚴厲」還是「輕鬆」都會辭職。換句話說，讓他們實際感受到成長比什麼都重要。

然而，爲了讓部下感受到成長，也必須做出一些可能會降低他們士氣的事情，例如「指出他們的錯誤」。換句話說，上司的「指責力」非常重要。

「指責力」的定義簡單來說，就是**「不是對部下『發怒』，而是讓他們感受到『能夠成長』的表達力」**。具體來說該怎麼做呢？接下來將分成三個步驟進行說明。

重點

不要太嚴厲，也不要太寬鬆，但是要以能夠成長為目標。

①準備能夠讓他們服氣的指正

「服氣」是指責時的重點。我想你也曾經有過不知道上司「爲什麼生氣」，被罵只覺得心情不好的經驗。爲了讓部下服氣，經營你們之間的關係固然重要，但接下來想要說明稍微

圖39◆指責部下的三個步驟

偏向手法的部分。

・分享「使用說明書」

讓部下服氣絕對需要準備。而這個準備就是**創造讓管理者與部下彼此說明「使用說明書」的機會**。

像第4章的「電影練習」那樣去理解部下的價值觀固然重要，但如果不更清楚地理解部下，就無法讓對方「服氣」。而製作幫助彼此互相理解的「使用說明書」就是重要的方法。因爲溝通是互相的，不能只是單方面地理解，也必須讓部下認識上司。

那麼，具體來說，有哪些重要事項必須透過「使用說明書」分享呢？就讓我們來看看具體項目。接著將參考中北軍團實際使用過的內容進行說明。

分享圖40中的這些項目，就能夠加深對彼此的理解。

而爲了讓部下「服氣」，尤其必須掌握的是「今後的職

圖40　上司與部下的「使用說明書」

姓名		興趣	
喜歡		討厭	
喜歡別人如此形容自己		討厭別人如此形容自己	
重視的價値觀			
形塑人生的經驗			
今後的職涯		希望成長的能力	

涯」以及「希望成長的能力」。這個部分請務必把握。

當然，正如各位所知，讓部下更加「服氣」的指正方式，就是掌握他「今後的理想」，並指出他今後的「課題」作爲實現理想的建議。

然而，這在現今的時代逐漸變得異常困難。因此爲了能夠給予部下指導，還有另一件該做的事情。這也相當程度的影響**「上司更應該享受工作」**的部分。

・上司也勾勒自己的職涯

近年來追求「職涯自主」，認爲職涯不應該由企業主導，個人應該自主地思考並開發自己的職涯。然而說實話，這個觀念對上司而言很陌生。

圖41◆三種職涯理論

「登山型．泛舟型」

→ 朝著自己的目標前進？
獲得解決眼前的課題的技能與下一次機會？

「規畫的偶發事件」

→ 是否在自己無論如何也想像不到的事件中掌握機會？

「職涯定錨與職涯生存」

→ 累積職涯時，重視的是自己「無可退讓的價值觀」，
還是重視「周圍與組織當下的期待」？

這意味著即使部下前來諮詢「今後的職涯」，也給不出什麼有價值的意見，導致部下更難產生「持續關係：想從這個人身上學習」的想法。

所以也**必須提供上司機會思考「今後的職涯」**。

職涯相關理論衆多，請回顧過去的職涯，看看「接近哪個理論的概念」，並思考未來的職涯，評估「根據哪個理論思考最合理」，自主地勾勒出「今後的職涯圖」。圖41列出了三個職涯理論作爲參考，其中也包含本書出現過的理論。爲了更容易根據職涯理論思考，也一併列出問題。

上司在勾勒出「今後的職涯圖」後，才終於能夠理解部下關於職涯的思考，同時上司也

能整理自己對於目前工作的「想法」，產生「感受到意義」「投入」與「享受工作」的變化。

> **重點** 不要只是詢問部下對於今後職涯的想法，也告訴他自己的職涯。

②指責

接下來將說明該如何「指責」比較好。但在此之前，爲了能夠更清楚地比較，我想先介紹**讓部下幻滅的「指責方式」**。

具體來說有三種……

・以高壓的態度情緒化地指責

老實說，這種指責方式完全不值得討論，但人類總是忍不住會在心浮氣躁時指責別人。這麼一來，儘管被罵的部下與你的心浮氣躁無關，還是遭到除了嚴厲之外沒有任何收穫的指責。所以當你覺得自己「現在心浮氣躁……」時，就先請部下「等一等」，一起看部搞笑影片之類的吧！如此一來就能恢復冷靜，透過「笑聲」來提升幸福感與生產性。

・深信自己是對的，說話語氣武斷

這是部下說話都聽不進去的最糟模式。這種模式也常發生誤會，即使上司在指責的途中覺得「咦……我好像錯了……」，一致性偏誤仍發揮作用，導致他無法回頭，只能硬著頭皮勉強結束指導。當然，這麼做只會讓部下留下一肚子怨氣，最糟的情況甚至會發生誤會，使得雙方需要更多時間來互相理解，結果就是部下遭到指責的高壓時間被不必要地延長。完全就是地獄。

・想到就罵，指責內容與當事人或公司的目的、目標無關

這也是我們填寫「使用說明書」的意義所在。這種隨意的、沒有正確答案的指責，將明顯降低工作動力，如同漂白劑一樣，將「持續關係：想從這個人身上學習」的意願漂得一乾二淨。

而最糟糕的副產品將是培養出被動地尋找正確答案的員工，他們工作的目的就是「不要惹上司生氣」。這樣的上司，或許才應該用漂白劑好好地洗一洗。

那麼，接下來將介紹**讓部下願意成為助力的「指責方式」**。但我想要事先聲明，這絕對不是「先稱讚，後指責，再稱讚」的手法。

這個手法也不壞，我自己有時也會使用。不過說實話，這個方法有個最大的缺點，那就是「難以傳達必須傳達的內容」。此外，也有不少人只會記得「被稱讚的部分」，因此我建議將「指責」與「稱讚」完全分開。

接下來，我將具體列出三種讓部下願意成為助力的「指責方式」。

・採取容易溝通的態度

情緒容易傳染，如果你用「憤怒」的情緒表達，也會使對方開啓「憤怒」的開關，將心靈封閉起來。此外，如果傳達了錯誤的判斷，也會導致對方沒有辯解的餘地。

此外，為了避免誤解，「嚴格要求」並非「提高嗓門」，真正的嚴格要求是提高對方的標準。

・以適合對方的方式傳達

適合的方式也可參考「使用說明書」。因為說明書裡包含了對方「重視的價值觀」以及「抗壓性」等。這就某方面來說也是「避開地雷」。每個人都有特別容易受影響，或是特別容易受傷的表達方式。

簡單介紹三個我經歷過的軟性「地雷」作例子：

・運動社團型的人，雖然言談或氣質間散發出「什麼都沒問題」的感覺，實際上卻比別人更敏感。

・行為舉止看起來敏感，但如果言詞委婉，會因為說得不夠清楚而感到不滿。

・嘴巴上說「任何事情都可以反應」，然而一旦真的反應，就會難以置信地鬧彆扭。

為了「避開地雷」，必須主動建立關係，採取適合對方原本個性的溝通方式。此外如果能夠和對方一起回顧他的反應，更能調整成適合他的傳達方式。

・指責的內容與目的及成長有關

填寫「使用說明書」的意義，最終就在於此。讓部下懷抱著成長的感受工作，是一件非常重要的事情。如果不掌握這點，部下就不會覺得「持續關係：想從這個人身上學習」。

稍微更具體一點的指責方法如下：

①為什麼不行：明確告知理由

圖42　好的指責方式 vs. 壞的指責方式

讓部下幻滅的「指責方式」

1. 以高壓的態度情緒化地指責
2. 深信自己是對的，說話語氣武斷
3. 想到就罵，內容與當事人或公司的目的、目標無關

讓部下想成為助力的「指責方式」

1. 採取容易溝通的態度
2. 不會將自己的價值觀強加於對方身上，以適合對方的方式傳達
3. 指責的內容與目的及成長有關，提高對方的動力

②上司對此是怎麼想的：陳述上司本身的意見

③提出解決策略：或是請部下思考

依照這三個步驟進行指責，部下就更容易聽得進去。其中②最重要，一旦聽到「這是公司的決定」「就是這麼一回事」等理由，就失去了「與上司溝通的意義」。因爲部下甚至會覺得與上司溝通也沒有用。

最後是③提出解決策略。但即使提出解決策略，如果部下不服氣，往往也不會採取行動。這時請試著採取第6章也介紹過的「硬性指導型教練」。**先透過微小的行動累積成功經驗，由此慢慢地產生變化**。

此外，就如同前半段也提到的，上司無法解決所有的問題，因此配合部下的成長程度一起思考解決策略也是有效的方法。

重點

有意識地配合對方改變傳達方式。

①激勵

正如同我在前面說的，將「指責」與「稱讚」分開，因此接下來將進行「稱讚」的步驟。這個步驟的重點在於，不要讓「稱讚」成為目的。倘若「稱讚」成為目的，稱讚的內容就會變得膚淺至極，「虛偽」的氛圍瀰漫整個職場，甚至需要打開窗戶通風一下。此外，這麼做也存在著危險性，可能會導致部下變成想要「獲得稱讚」的尊重需求類怪物。稱讚的目的終究是「激勵」，因此接下來將介紹兩個必要的方法。

・最後以篤定的語氣傳達正向的內容

一對一或指責的場合，最後務必結束在正向的內容。但正向的內容不能說得很曖昧，例如「算了，你就加油吧！」或是「不過我想你應該做得到才對……」，這樣會造成反效果。

反之，請以篤定的語氣傳達正向的內容，例如「你一定做得到」「我很期待」，藉此從背後推他一把。人們會抗拒以篤定的語氣對別人說話，因此也很少聽到別人以篤定的語氣告訴自己正向的詞語，這麼做效果非常好。至於其他的正向詞語請參考第2章介紹的，公司的員工聽到我這麼說就會受到激勵的十句話。

‧尋找能夠觸及對方感性的方法

激勵就和指責一樣，依照對方的類型而有不同的方法。如果使用不適合的詞語或方法，對方獲得激勵的可能性就會降低，甚至產生「上司對我期待太高……」的壓力。

株式會社俺的其中一項事業「支援喜劇演員轉行的『喜劇演員Next』」，為了激勵放棄夢想的喜劇演員，幫助他們展開求職活動，會透過面談以尋找能夠激勵他們的方法。具體方法通常不出以下這五種。

①告訴他「絕對做得到」，認同他的過去‧現在‧未來（開關是尊重需求）
②問他「你只有這點程度嗎？」提高他的標準（開關是不服輸）
③透過「自我揭露」建立關係（開關是與對方的信賴關係）

④告訴他「別人努力・感動的故事」（接觸熱血的故事是開關）

⑤告訴他「重視的人」所期望的未來（希望重視的人幸福是開關）

當然，激勵方式不會只有其中一種，必須配合對方的狀況，挑選①～⑤進行組合。舉例來說，如果對「沒有自信的人」採取方法②，只會讓他覺得「痛苦」，反之，如果是「對自己有自信，強烈希望自己成長」的人，方法②就很適合。請像這樣判斷對方屬於哪種類型，利用①～⑤的組合進行激勵。

・主動找部下說話

最後介紹一個容易被遺忘的重點。遵循這三個步驟指責部下後，建議「上司主動」找部下說話。

即使部下成功被激勵了，「被指責的人」往往還是會因爲「羞愧」或「尷尬」，而限制了主動對上司採取行動的傾向。

因此請上司務必記得主動找部下說話。「指責的人」經常希望藉此讓對方有所改變，所以會採取被動的姿態。這極可能是對部下來說有點痛苦的事情。

到此為止已經配合這三個步驟介紹了「指責力」。我想運用像這樣的「指責力」，就能夠讓部下覺得「②持續關係：想從這個人身上學習」。

希望你的「指責」能夠轉變成一件讓部下「期待」的事情。

你一定做得到！

重點

指責之後，由上司主動找部下說話。

第7章總結

1 由於心理安全感等的普及，上司變得比部下更難生存。

2 就算是上司，最後會受到喜愛的仍是溝通能力高的人。

3 拋開理想的上司形象，就算不率領部下、不優秀也沒關係。

4 上司也必須為自己工作。

5 不擅長微笑的人，請練習大笑。

6 熟習不會太嚴厲、也不會太寬鬆的指責方式。

7 配合對方選擇傳達方式。

8 指責後由上司主動找部下說話。

結語　運用超神閒談力，讓這世界變得更加有趣

首先，非常感謝各位讀到這裡。我發自內心致上謝意。

希望各位的人際關係能夠多少變得更加「愉快」。儘管我自己曾是喜劇演員，仍然在人際關係的煩惱中苦苦掙扎。我一直以來都認爲這個世界難以生存。

如同本書所介紹的，我也曾活在「毀滅性思維」當中，未能享受人生。我雖然知道生命原本應該投注在自己所愛的人身上，但自己也曾經無法做出決定。我記得自己第一次決定將人際關係「斷捨離」的時候，也曾緊張到發抖，覺得「這樣眞的沒問題嗎……」。

我自己也曾反覆摸索，時而受傷，時而感受到成長，最後找到了堅定的自我，摸索出改變人生的方法，而我將這些方法毫無保留地寫進本書。

這些生活在職場上的人，忘記了如何享受工作。

我衷心希望各位讀者能夠使用這些運用「搞笑」的方法，創造無論自己還是周圍都能享受的環境，讓這個世界變得比原本更加有趣。

我想，將本書的方法做到一百分是一項高難度的挑戰。希望各位可以先從一小步開始。

最後，讓我將明石家秋刀魚的一句名言送給那些無法邁出第一步的「你」。

不拿滿分無所謂，
只要有滿天的星空就夠了。

——明石家秋刀魚

Eurasian Publishing Group
圓神出版事業機構
用心與你對話．視野無限寬廣
如何出版社
Solutions Publishing

www.booklife.com.tw reader@mail.eurasian.com.tw

Happy Fortune 023

超神閒談力：增強人際互動，簽約率成長2.5倍

作　　者／中北朋宏
譯　　者／林詠純
發 行 人／簡志忠
出 版 者／如何出版社有限公司
地　　址／臺北市南京東路四段50號6樓之1
電　　話／（02）2579-6600・2579-8800・2570-3939
傳　　真／（02）2579-0338・2577-3220・2570-3636
副 社 長／陳秋月
副總編輯／賴良珠
責任編輯／柳怡如
校　　對／柳怡如・張雅慧
美術編輯／金益健
行銷企畫／陳禹伶・朱智琳
印務統籌／劉鳳剛・高榮祥
監　　印／高榮祥
排　　版／莊寶鈴
經 銷 商／叩應股份有限公司
郵撥帳號／18707239
法律顧問／圓神出版事業機構法律顧問　蕭雄淋律師
印　　刷／祥峰印刷廠
2024年8月　初版

OMOSHIROI HITOGA MUISHIKINI SHITEIRU KAMI ZATSUDAN RYOKU by Tomohiro Nakakita
Copyright @ 2023 Tomohiro Nakakita
Illustration @ Hira Nonsa
All rights reserved.
Original Japanese edition published by TOYO KEIZAI INC.
Traditional Chinese translation copyright @ 2024 by Solutions Publishing
This Traditional Chinese edition published by arrangement with TOYO KEIZAI INC., Tokyo, through Future View Technology Ltd.), Taipei.

定價 370 元　ISBN 978-986-136-708-8 版權所有・翻印必究

◎本書如有缺頁、破損、裝訂錯誤，請寄回本公司調換
Printed in Taiwan

「超神閒談力」就是擁有「讓人想要與你共事的力量」，看似簡單的技巧，卻能帶來莫大的效果，不只讓你人際關係改善，工作成果與年收入也增加了。

——《超神閒談力》

◆ **很喜歡這本書，很想要分享**

圓神書活網線上提供團購優惠，
或洽讀者服務部 02-2579-6600。

◆ **美好生活的提案家，期待為您服務**

圓神書活網 www.Booklife.com.tw
非會員歡迎體驗優惠，會員獨享累計福利！

國家圖書館出版品預行編目資料

超神閒談力：增強人際互動,簽約率成長2.5倍 / 中北朋宏著；林詠純譯. -- 初版. -- 臺北市：如何出版社有限公司, 2024.08
320 面；14.8×20.8公分 --（Happy fortune；23）

ISBN 978-986-136-708-8（平裝）
1.CST：人際關係 2.CST：溝通技巧 3.CST：職場成功法

494.35 113008933